SO GEHT KUNDENGEWINNUNG HEUTE!

DIGITAL & PERSÖNLICH

ROGER RANKEL
NICOLE-MARIA & ANDRÉ WEIMAR

GABAL

Bibliografische Information der Deutschen Nationalbibliothek
Die Deutsche Nationalbibliothek verzeichnet diese Publikation in der Deutschen Nationalbibliografie; detaillierte bibliografische Daten sind im Internet über http://dnb.d-nb.de abrufbar.

ISBN 978-3-86936-965-5

Programmleitung: Dr. Sandra Krebs
Umschlaggestaltung: WEIMAR WEIMAR
Satz und Layout: WEIMAR WEIMAR
Druck und Bindung: Salzland Druck, Staßfurt

1. Auflage 2020

Die Autoren beschreiben in diesem Buch gängige und erfolgreiche Marketing-Methoden. Bitte beachten Sie, dass dieses Buch keinen Aufschluss darüber gibt, an welche rechtlichen Vorgaben man sich bei der Durchführung einzelner Maßnahmen halten muss. Die Autoren empfehlen deshalb vorab rechtliche Expertise einzuholen.

Wir drucken in Deutschland!

www.gabal-verlag.de
www.twitter.com/gabalbuecher
www.facebook.com/Gabalbuecher
www.instagram.com/Gabalbuecher

WWW.ROGER-RANKEL.DE
WWW.WEIMARWEIMAR.DE

INHALT

Herzlichen Glückwunsch ... 6
Einleitung ... 8

1 Die Triggerphase

1.1 Ereignis ... 16
1.2 Kampagnen ... 20
1.3 Empfehlung ... 46
1.4 Online-Marketing ... 66
1.5 Klassische Werbung ... 94

2 Die Recherchephase

2.1 Kompetenzcheck ... 116
2.2 Weisheit der Vielen ... 136
2.3 Service ... 148
2.4 Robo-Tools ... 162
2.5 Reziprozität ... 172

3 Die Kaufphase

3.1 Eintrittssicherheit ... 182
3.2 Bedarfsermittlung ... 196
3.3 Beratung ... 208
3.4 Begehrlichkeit ... 216
3.5 Abschluss ... 226

Zwischenfazit 238

4 Die Erfahrungsphase

4.1 Professionelle Abwicklung 242
4.2 Fehlerfreie Durchführung 252
4.3 Positive Rückmeldungen 266
4.4 Erfolgreiche erste Schritte 278
4.5 Vertiefung der Beziehung 286

5 Die Fürsprecherphase

5.1 Bewerten und teilen 294
5.2 Advocat 306
5.3 Bindung und Loyalität 318
5.4 First Mover 328
5.5 Erst- und Folgeempfehlungen 340

Die Vorträge 352
Die Beratung 356
Die Video-Power-Schulung 358
Die Geheimnisse der Umsatzverdoppler 360
Die Website Helden 362
Die Fullservice-Agentur 364
Das Glossar 366

WAS FÜR EIN DICKES BUCH!

Und das in Zeiten von E-Book, Whitepaper & Co. Ganz ehrlich? Als wir uns vorgenommen haben, dieses Buch zu schreiben, haben wir auch noch nicht damit gerechnet, dass es so umfangreich werden wird. Aber der Reihe nach …

Wir drei Autoren, Roger Rankel, Nicole-Maria und André Weimar, beschäftigen uns inzwischen jeder mehr als 20 Jahre mit dem Thema Marketing. Und das als Vollprofis. Sogar in unserer Freizeit und unserem Urlaub lässt uns diese Berufung nicht los. Man kann also ohne Übertreibung sagen, dass wir echte Experten sind. Und eins ist in den letzten zwanzig Jahren klar geworden: Nichts ist mehr wie früher.

Warum dieses Buch?

Hand aufs Herz: Wir drei haben eigentlich genug zu tun. :-)
Wie kommt man also auf die Idee, ein so dickes Buch zu schreiben?

In den letzten Jahren mussten wir Folgendes zunehmend beobachten:

1. Die Menschen verstehen die Digitalisierung immer weniger. Und dadurch haben sie Angst, etwas falsch zu machen.
2. Diese Angst und Unwissenheit werden leider immer mehr von anderen ausgenutzt.

Können Sie es auch nicht mehr hören? Diese leeren Parolen:
„Jeder Klick ein Verkauf" oder Online-Marketing sei „das Allheilmittel für Umsatzsteigerung".
Seien wir ehrlich: Das ist doch alles nur heiße Luft!

Langfristige Kundenbindung statt schnelle Online-Effekthascherei. Das ist der richtige Weg.
Genau das funktioniert in Kombination online und offline. Aber nur dann, wenn Sie es richtig machen. Dieses Buch hilft Ihnen genau hierbei. Erfahren Sie, auf welche Maßnahmen Sie getrost verzichten können und auf welche Sie sich konzentrieren sollten.

Kunden kaufen heute anders

Klar ist: Das Internet, die Digitalisierung, Social Media und Bewertungsplattformen haben das Kaufverhalten dramatisch geändert. Kunden schlauen sich heute eigenständig auf, sind gut vernetzt und eigeninitiativ. Deshalb haben wir die herkömmliche Kaufreise des Kunden (Customer Journey) komplett aktualisiert. Wir haben die neuen digitalen Möglichkeiten clever und wirkungsvoll mit den klassischen Verkaufsmethoden kombiniert und sie mit einer persönlichen Note versehen.

Zudem wurde der Blickwinkel von Kundensicht zu Vertriebssicht geändert. Dieser Perspektivenwechsel bringt den entscheidenden Vorteil: Es wird schnell klar, was zu beachten ist, um erfolgreich und permanent neue Kunden zu gewinnen.

Das Kind braucht einen Namen – Lead-Loop®

Die neue Kaufreise (also der Weg vom ersten Kaufinteresse bis hin zum Kauf selber) ist die effektivste Form der permanenten Kundengewinnung. Ziel der neuen Kundenkaufreise ist es nicht nur, möglichst viele konkrete Anfragen (Leads) zu generieren. Gleichzeitig ermöglicht sie eine hohe, effektive Abschlussquote.

Und wir packen noch einen oben drauf: Diese neue Kundenreise kann nicht mehr alleine linear betrachtet werden (also vom Lead zum Abschluss). Nein – wegen ihrer Eigendynamik muss sie zirkulär gesehen werden (Loop). Sie sorgt also selbstständig dafür, dass Sie permanent mehr Kunden und Aufträge gewinnen. Dass Sie permanent mehr Umsatz machen. Deshalb nennen wir die neue Kaufreise in diesem Buch „Lead-Loop®".

Nun wünschen wir Ihnen viel Spaß beim Lesen und noch mehr Erfolg bei der Umsetzung.

Ihre Autoren
Roger Rankel, Nicole-Maria und André Weimar

HERZLICH WILLKOMMEN!

Erfolg-Reich werden mit dem Buch „So geht Kundengewinnung heute!“

Herzlichen Glückwunsch, Sie haben eine ultimativ wichtige Entscheidung in Ihrem Leben getätigt: Sie haben sich für dieses Buch entschieden. Ab jetzt steht ein Partner an Ihrer Seite, der Sie die Verkaufswelt mit anderen Augen sehen lässt: mit den Augen des Erfolgs.

Das Buch wurde nach den neuesten Erkenntnissen der Verkaufsforschung entwickelt. Sie ist die effektivste Art und Weise, Ihr Business zielbewusst zu gestalten und Ihren Umsatz anzukurbeln.

Wir wünschen Ihnen viel Spaß und Erfolg bei der Umsetzung.

DIE GLORREICHEN SIEBEN

Wichtige Tipps für Ihren Erfolg

1

Das haben Sie sich verdient

Dieses Buch ist wirklich ein „dickes Ding". Das gilt sowohl buchstäblich als auch im übertragenen Sinne. Lesen Sie es gerne jederzeit und überall. Pausieren, um über die Inhalte nachzudenken, ist natürlich ebenso möglich wie gezieltes Wiederholen.

Spickzettel erwünscht

Nehmen Sie sich zusätzlich einen Stift und einen Zettel zur Seite. Denn auch, wenn sich viele Fragen im weiteren Verlauf des Buches klären, notieren Sie sich unbedingt Ihre spontanen Geistesblitze. Vielleicht sind es genau die, die Sie zum Erfolg führen.

2

3

Blättern Sie sich schlau

Dieses Buch vermittelt alle Themen – auch die komplexen – einfach und verständlich. Sollten Sie trotzdem einen Fachbegriff nicht sofort verstehen, haben Sie jederzeit die Möglichkeit, im Glossar nachzuschauen. Dieses finden Sie ab Seite 366.

Mutanfall

4

Erscheinen Ihnen manche Anregungen ungewöhnlich? Wie schön! Dann haben Sie genau hier die Chance, sich mutig zu entwickeln. Probieren Sie deshalb auch mal ungewöhnliche Wege aus. Besonders im Neuen stecken Chancen. Entdecken und nutzen Sie sie!

5

Simsalabim

Sie werden mit der Zeit merken, dass sich Ihre Wahrnehmung der (Verkaufs-)Welt um Sie herum verändert. Sie werden geschickte Tricks entlarven, Spielchen durchschauen und über die kreativen Ideen anderer staunen oder schmunzeln. Schnappen Sie sich die Erkenntnisse und zaubern Sie mit! Besser: Seien Sie stets einen Schritt voraus.

6

Talk – Talk – Talk

Erzählen Sie Freunden, Ihrer Familie, Ihrem Partner oder Ihren Kollegen von diesem Buch und den darin enthaltenen Fakten und Tipps. Spannenden Anekdoten und Anregungen hört jeder gerne zu. Und was Sie jemandem erzählen, wandert in Ihr Langzeitgedächtnis. Wenn Sie regelmäßig alleine ein, zwei Themen aus den Kapiteln weitererzählen, ist das auch eine gute Übung für Sie zum genauen Zuhören bzw. Hinschauen. Gleichzeitig ist es für Sie eine objektive Kontrolle, dass Sie alle Themen verstanden und verinnerlicht haben.

Last but not least – Die Evolution

Sollten Sie selber spannende Werbekampagnen, Kundenaktionen o. Ä. aufschnappen, freuen wir uns, wenn Sie uns teilhaben lassen. Eine Punktlandung wäre es natürlich, wenn Sie selbst diese Aktionen starten. Wir freuen uns auch über neue inspirierende Ideen. Senden Sie uns diese an service@roger-rankel.de

7

KUNDENREISE

Customer Journey

Was ist eine Kundenreise?

Marketing-Fachleute bezeichnen die Stationen, an denen potenzielle Käufer mit einem Produkt, einer Marke oder einer Dienstleistung in Berührung kommen, als Kundenreise. Oder abgewandelt auch gerne als Kundenkaufreise. Zu Englisch Customer Journey.

Auf dieser Kundenreise begegnen Ihre Kunden also verschiedenen Ereignissen und Persönlichkeiten. Sie kommen mit unterschiedlichen Werbeprodukten wie Flyern, Plakaten u. v. m. in Berührung. Auch im digitalen Umfeld nimmt sie im besten Fall Ihr Unternehmen oder Ihre Dienstleistung wahr. Studien beweisen, dass Kunden auf ihrer Kaufreise Hunderten von sogenannten Touchpoints (Berührungspunkten) begegnen, bis sie sich zum finalen Kauf entschließen.

LEAD-LOOP®

Die neue Kundenkaufreise

Die klassische Kundenreise beschäftigt sich immer nur mit dem Weg vom Kaufimpuls bis hin zum Kaufabschluss. Die **neue Kaufreise** hingegen geht noch viel weiter. Sie ist die effektivste Form der permanenten Kundengewinnung. Ziel dieser ist es, möglichst viele konkrete Anfragen (Leads) zu generieren und gleichzeitig eine möglichst hohe, effektive Abschlussquote zu realisieren. Dies geschieht nicht mehr liniar, sondern quasi in einem Kreislauf (Loop).

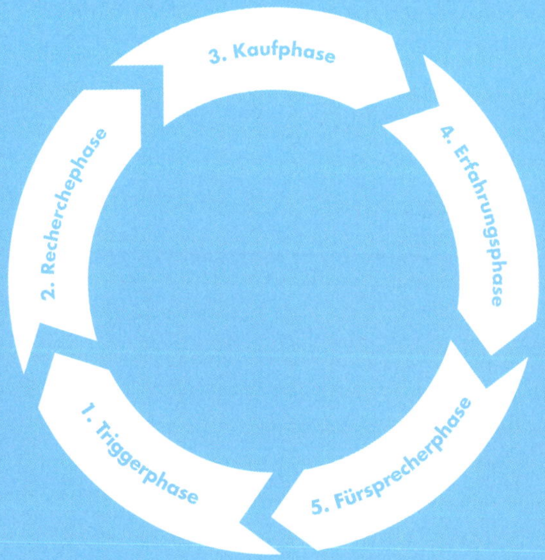

Emotionen leicht gemacht

Jetzt kommt der Clou: Wir wissen, dass eine Kundenreise viel mehr ist als die Summe aller Touchpoints. Es geht ausschlaggebend um Emotionen. Emotionale Ereignisse und Erlebnisse stehen fest im Mittelpunkt.

Die Kundenerfahrung (Customer Experience) ist zentraler Dreh- und Angelpunkt des erfolgreichen Verkaufs. Wie können Sie Ihren Kunden etwas Besonderes bieten, sie wirklich berühren, be- und ergreifen? Wie können Sie Emotionen wecken? Durch von Ihnen aktiv erzeugte Erfahrungen.

Wie das funktioniert, lernen Sie in diesem Buch.

Um jemanden emotional zu berühren, muss man ihn erstmal kennen lernen. Auf das Kennenlernen folgt das tiefe Verständnis. Derjenige, der seine Kunden wirklich versteht, hat schon so gut wie gewonnen. In Phase 1 zeigen wir Ihnen, wie Sie Ihre Kunden antriggern können. Denn jede Kaufreise beginnt mit einem Trigger.

LET THE SHOW BEGIN

Der Wurm muss dem Fisch schmecken

Triggern, das bedeutet jemanden zu aktivieren, etwas auszulösen oder einen Impuls zu setzen. Dieser Trigger kann ganz unterschiedlicher Art sein. Wichtig dabei ist, dass es zwischen dem Triggerpoint und dem Kunden „knistern" muss. Geschäftliches Flirten ist angesagt.

Die gute Nachricht

Sie haben jede Menge Möglichkeiten, diese Impulse aktiv zu setzen. Dies kann durch klassische Werbung, Kampagnen, Online-Marketing, Social Media u. v. m. geschehen.

Auch über Empfehlungen oder Bewertungen dritter Personen sowie Befürworter klappt das wunderbar. Darin steckt jede Menge Spielraum für Ihre Kreativität. Dies werden Sie in den nächsten Kapiteln entdecken.

ACHTUNG
ERFOLG!

DER ASCHENPUTTELTRICK

Was hat Aschenputtel gemacht, wovon auch Sie im Wust der unendlichen Möglichkeiten lernen können? Ganz einfach: Sie hat die Spreu vom Weizen getrennt.

Es reicht zu wissen, was es alles gibt, damit Sie ganz einfach entscheiden können, was Sie wirklich brauchen.

Schauen Sie gezielt hin und haben Sie keine Angst wegzulassen, was Ihnen nicht dienlich ist. Konzentrieren Sie sich auf das Wesentliche. **Mut zur Lücke auf Erfolgsniveau.**

1. DIE TRIGGERPHASE

1.1 Ereignis

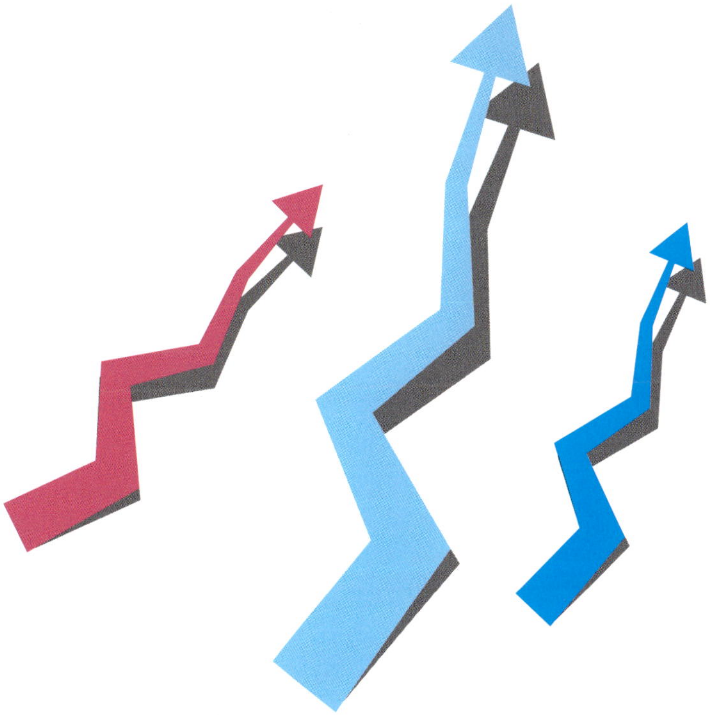

DIE EREIGNISSE

Kristallkugel war gestern

Jetzt müssen Sie stark sein: Ereignisse können Sie nicht beeinflussen. Niemals. Denn die Dinge geschehen, ganz ohne Ihr Zutun. Hellsehen ist hier deplatziert. Was Sie jedoch proaktiv tun können, ist, sich über diverse Ereignisse kluge, strategische Gedanken zu machen. Seien Sie darauf vorbereitet, wenn eines davon Ihrem Kunden widerfährt.

Das Ereignis – Ihr bester Freund

Ereignisse sind Erlebnisse, die Ihren Kunden unvorbereitet widerfahren. Bei Versicherungsmaklern beispielsweise bestehen diese Ereignisse sehr oft aus Zufällen, wie Wetterkatastrophen, Unfällen o. Ä. Sie haben Auswirkungen auf deren Kunden, auch wenn es sie eventuell nicht direkt betrifft. In Zeiten von Sturmwarnungen schauen nachweislich viele Menschen in ihre Versicherungspolicen, um zu sehen, wie sie im Falle eines Falles versichert wären.

Ebenso stark sind die Auswirkungen, wenn ein schlimmer Verkehrsunfall in der Nachbarschaft passiert ist. Es beschäftigt die Menschen emotional und führt dazu, dass sie sich mit dem Thema Versicherungen zeitnah auseinandersetzen.

Klug wäre es also, für diese Fälle Werbematerial vorbereitet zu haben. So holen Sie Ihre potenziellen Kunden genau da ab, wo sie gerade emotional stehen.

Punkten Sie positiv

Es gibt natürlich auch jede Menge positiver Ereignisse, die Sie für sich nutzen können. Dazu gehört zum Beispiel das Thema Urlaub. Hier ist jede Menge Trigger-Potenzial an Bord. Überlegen Sie mal, was Sie für Ihre Kunden tun können, bevor, während oder nachdem sie im Urlaub waren. Viele Menschen sind in der Planungsphase vor dem Urlaub extrem euphorisch und deshalb neuen Ideen gegenüber sehr aufgeschlossen. Ganz zu schweigen von der guten Stimmung im Urlaub, in der sich Reisende auch mal etwas Besonderes gönnen.

Andere Umstände – aber hallo!

Ein weiteres Ereignis ist z. B. die Schwangerschaft. Das gesamte Leben ändert sich. Hier finden sich jede Menge Geschäftsideen, die mit Schwangerschaft, Geburt oder Babyphase verbunden sind. Welcher Service oder welches Produkt könnte angehenden Eltern das Leben erleichtern? Oder vielleicht auch spannender, schöner und gesünder machen?

AUFGEPASST!
Schauen Sie einmal im Text zurück: ein Thema „Ereignis", drei Beispiele, unendliche Möglichkeiten. Merken Sie was? Ereignisse bieten jede Menge Potenzial.

MERKE:
Die Gefühle sind bei dieser Zielgruppe ganz besonders ausgeprägt! Irrationale Entscheidungen sind keine Seltenheit, sondern Programm. Tatsächlich ist das Gehirn von Schwangeren anders programmiert: Durch das ausgeschüttete Hormon Oxytozin strebt der Mensch vermehrt nach Bindung. Springen Sie auf diesen Zug auf und binden Sie Ihre Kunden an sich. Jetzt oder nie!

So ist es auch kein Zufall, dass während der Schwangerschaft der sogenannte Nestbautrieb einsetzt. Ein echter Glücksfall für alle Makler, Notare, Handwerker und eventuell für Sie.

Machen Sie eine Mücke zum Elefanten

Es gibt auch weniger einschneidende Ereignisse, die zum Trigger werden können. Stellen Sie sich vor, Sie gehen die Fußgängerzone entlang und sehen jemanden mit auffällig roten Turnschuhen. Wenn Ihnen diese roten Turnschuhe gefallen, ist es so weit: „Haben wollen!" Koste es, was es wolle. Sie sind angetriggert, nur durch einen kurzen Blick auf ein Paar Schuhe.

Was wird als Nächstes passieren? Wahrscheinlich werden Sie nun im Internet recherchieren.

Mögliche Fragen:

- Wie heißen die Schuhe?
- Sind sie erschwinglich?
- Was sagen andere dazu?
- Gibt es ein Schuhgeschäft in der Nähe?

FAZIT:

Der angetriggerte Kunde (im o. a. Beispiel Sie) läuft mit Siebenmeilenstiefeln weiter auf seiner Kundenreise. Vom beschriebenen Ereignis zum nächsten Touchpoint. Dieser kann sich online oder offline befinden.

Wie Sie diese Touchpoints gestalten und wie der Kunde Sie am leichtesten findet, erfahren Sie in den folgenden Kapiteln.
Eins ist klar: Sie sind der Kapitän und halten das Touchpoint-Ruder fest im Griff.

1. DIE TRIGGERPHASE

1.2 Kampagnen

1.2

DIE JAGD BEGINNT

Hinter dem Wort Kampagne verbirgt sich ein kraftvoller, kämpferischer Ansatz. Campagne kommt aus dem Französischen. Es bedeutet „auf das Feld stürmen". Und wie das Militär braucht auch jedes Marketing eine klare Strategie. Clevere Feldherren holen sich den Sieg, weil sie raffiniert und gezielt vorgehen.

Zu diesem strategischen Plan gehört zunächst einmal, dass Sie wissen, was Sie erreichen wollen. Ein klar definiertes Ziel am Horizont ist elementar wichtig.

Nachfolgend schauen wir uns gemeinsam sowohl gelungene und inspirierende Kampagnen an als auch solche, aus deren Fehlern wir etwas lernen können. Da vergleichende Werbung heute erlaubt ist, sind auch hier viele kreative Möglichkeiten gegeben. Gegenkampagnen sind ebenfalls ein pfiffiges Feld.

HUMOR IST, WENN MAN TROTZDEM LACHT

England, das Vorreiterland in Sachen vergleichender Werbung, hat vor einigen Jahren der deutschen Automobilindustrie eine Werbung voll vor den Bug geknallt. Die Engländer sind in Deutschland für ihren eigenwilligen Humor bekannt. Dieses Klischee nutzten sie gekonnt in einer witzigen Kampagne. Zu sehen waren zwei nebeneinander positionierte Autos. Gleicher Hintergrund, gleiche Ausleuchtung. Beide im Dunkeln mit strahlendem Scheinwerfer, aus gleicher Perspektive fotografiert. Ein BMW und daneben das Vergleichsmodell von Rover. Beide Modelle hatten in dieser Darstellung eine verblüffende Ähnlichkeit. Dazu schlau positioniert, der Hinweis auf den Preis und die Marke. Der Preis war natürlich bei BMW um einiges höher. Rover schnitt erheblich freundlicher für den Geldbeutel ab. Und nun kommt die Botschaft: Denn über diesem Foto stand „Ein großartiger Sinn für Humor, diese Deutschen" („Great sense of humour, these Germans").

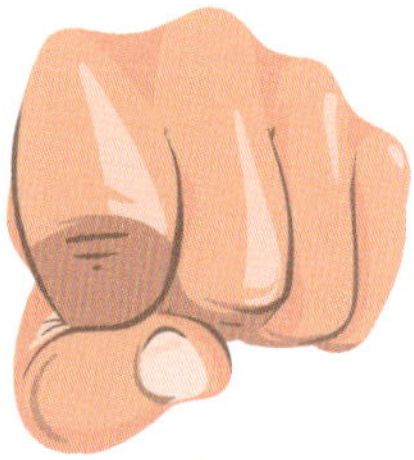

HUMOR IST, WENN ES TROTZDEM KRACHT

Manchmal passiert es, dass ein Mitbewerber Sie provozieren möchte. Er startet eine Kampagne mit Frontalangriff. Sie können dann nach dem Motto „jede PR ist gute PR" reagieren und die Faust in der Tasche machen. Viel souveräner und lässiger ist es aber, wenn Sie so reagieren wie eine Hamburger Werbeagentur, die eine Provokation in gleicher Münze zurückzahlte. Mit Humor versteht sich.

TIPP:

Was lernen wir dabei? Haben Sie Mut zum Vergleich. Und hauen Sie dabei humorvoll auf die 12!

Rechts das Fernet-Branca-Plakat. Es verstimmte die Werber, weil es behauptet, dass Werbetexter nur unter Alkoholeinfluss produktiv seien.
Links die kreative Antwort, die in der Kombination von der Werbeagentur bei Facebook gepostet wurde. Sie wurde mit der Aufforderung versehen, eigene Plakatentwürfe einzusenden. Diesem Appell kamen die User begeistert nach. Eine bestehende Konfrontation wurde humorvoll für die eigene Social-Media-Kampagne genutzt.

TIPP:

Packen Sie den Stier bei den Hörnern. Anstatt sich durch Wut lähmen zu lassen, legen Sie den Schalter auf Angriff um. Dann haben Sie jede Menge Energie, mit der Sie zünden können.
Kampagnen sind nicht nur auf Plakataktionen begrenzt, wie Sie am o. g. Beispiel erkennen.
Alle Medien können zur Verbreitung kombiniert werden. Omni-Channel-Marketing nennt man das perfekte Zusammenspiel aller Kampagnenkanäle. Worauf warten Sie noch? Schlagen Sie zurück.

KNAPP DANEBEN

Wichtig ist, dass die Kampagne einen Bezug zu Ihrem Produkt, Ihrer Idee und Ihren Kunden hat. Vielleicht erinnern Sie sich noch an die groß angelegte Plakatkampagne in den 90er Jahren von Benetton, die u. a. eine blutverschmierte Uniform zeigte? Diese Visualisierung ging für einen großen Teil der Bevölkerung gar nicht. Die Menschen schauten erschrocken auf die Darstellungen und erkannten nicht die Verbindung zur Marke. Bestehende und potenzielle Kunden wandten sich von der Marke ab und boykottierten Benetton. Wir kennen Leute, die sich aufgrund dieser Kampagne sogar noch heute vor dieser Marke verschließen.

Aber wissen Sie auch, was wirklich dahinterstand? Benetton wollte nämlich mit der blutigen Soldatenkleidung auf das schwere Los dieser Menschen aufmerksam machen und soziales Engagement zeigen. Es ging nicht darum, ihre Produkte zu bewerben. Ein Schuss, der klar nach hinten losgegangen ist.

TIPP:

Gut gemeint ist nicht gleich gut gemacht. Überlegen Sie gut: Wollen Sie verkaufen oder Ihr Image entwickeln? Verstehen Sie zuerst die Sichtweise Ihrer Kunden. Dann schaffen Sie den inhaltlichen Transfer zu Ihrem Produkt oder Ihrer Marke.

TIPP:
Spielen Sie mit der Neugierde. Geben Sie nicht direkt alles preis, sondern lassen Sie die Tür nur einen Spalt offen. Flirten Sie ruhig ein wenig! Die Lust am Produkt so geschickt anzufeuern, hat eine positive und starke Sogwirkung.

MUT ZUR LÜCKE

Einen sauberen Start legte der südkoreanische Automobilhersteller Daewoo mit seiner Kampagne zur Markeneinführung hin. Hier wurde das Prinzip Neugierde bedient. Viele Plakatwände zierte plötzlich ein großer, roter Kussmund und sonst nichts! Kein Slogan, kein Markenname, nichts. Ganz schön mutig, nicht wahr? Hand aufs Herz, würden Sie das wagen?

Alle rätselten, wer oder was dahintersteckte. Erst in Verbindung mit einigen Radiospots, die ausschließlich einen langgezogenen (von einer Frau) „gesungenen" Daewoo-Laut ausstrahlten, kam häppchenweise Licht ins Dunkel. Damit war Daewoo in aller Munde (und aller Köpfe). Virales Marketing, bevor es den Begriff „virales Marketing" überhaupt gab.
Toll gemacht!

KLEIN ABER

Kampagnen können mit großen Budgets, aber eben auch mit kleinen erfolgreich umgesetzt werden. Die Idee ist das, was zählt. Knackig frisch kommen budgetoptimierte Kampagnen daher. Sie gewinnen durch mutige Bildersprache oder Wortwitz.

Eine entsprechend knackige Imagekampagne starteten deutsche Augenoptiker. Ohne viel Schnickschnack, aber extrem wirkungsvoll. Der Slogan: „Ich schleife keine Gläser. Ich schärfe deine Sinne." Ein gelungenes Wortspiel, das nicht den oberflächlichen Bedarf, sondern das tiefe Bedürfnis des Kunden betont. Merken Sie etwas? Wieder einmal geht es um Emotionen und Verständnis. Durchblick und Weitblick in einer Kampagne.

TIPP:

Nicht das Budget entscheidet über den Erfolg einer Kampagne, sondern die Idee! Querdenker sind hier gefragt. Deshalb kreieren Sie intelligente, humorvolle Kampagnen. Diese sprechen sich herum und arbeiten so für sich selbst und Ihren Umsatz.

TUN SIE DAS UNERWARTETE

Auch uns vom Lead-Loop® begegnen manchmal Kampagnen, bei denen sogar wir noch staunen. Die Automarke Saab hatte im Flughafen einen Promotion-Stand aufgebaut und ging proaktiv auf Flugreisende zu.

Ein Saab-Mitarbeiter sprach uns mit einer ungewöhnlichen Frage an:
„Sind Sie auf der Suche nach einem Taxi oder dürfen wir Sie in unserem Saab fahren?"

Marketer sind von Natur aus neugierig und immer interessiert an neuen Erfahrungen:
„Wenn Sie so fragen, gerne den Saab."

Wenige Minuten später saßen wir entspannt in einem neuen Saab-Modell. Mit persönlichem Chauffeur ging es zu unserem Wunschort. Chicer Saab statt Duftbaum-Taxi. Eine Aktion, die den Saab überhaupt erst auf den Schirm vieler Flugreisender brachte.

PR – IHRE PS FÜR DIE ÜBER-HOLSPUR

Seien Sie kein Alleinkämpfer – lassen Sie doch die Presse für sich arbeiten. Durch Zeitungsartikel erhalten Sie im Handumdrehen neue Interessenten. Mit dem Kraftpaket PR können Sie neue Märkte und Zielgruppen erschließen.

MERKE:
Offizielles Ziel der PR ist das Erzeugen einer positiven, öffentlichen Meinung. Sie ist stets mit Imagepflege, aber auch mit Imageaufbau oder -verbesserung verbunden. PR dient dazu, die Aufmerksamkeit oder den Bekanntheitsgrad zu erhöhen. Dabei stärkt sie aktiv das Vertrauen in ein Unternehmen seitens der Öffentlichkeit. Ein positives Image dient der Umsatzsteigerung.

Wenn der Postmann keinmal klingelt

Sie erstellen regelmäßig Newsbeiträge für Ihre Website? Schade, wenn nicht mehr draus wird.

Deshalb: Zünden Sie jetzt den PR-Turbo. Legen Sie einen Presseverteiler für regionale Zeitschriften und Fachmagazine an. Mit nur einem weiteren Klick leiten Sie Ihren Newsbeitrag in Highspeed an zahlreiche Medien weiter. Neukundengewinnung volle Fahrt voraus!

TIPP:

Wenn Sie ohnehin einen Tag der offenen Tür (o. Ä.) planen, laden Sie einfach die örtliche Presse ein. Reporter sind froh und dankbar, Themen für weitere Artikel zugespielt zu bekommen. Der Clou: Sie bekommen kostenfreie Werbung mit hohem Verbreitungsgrad. Eine echte Win-win-Situation.

HIER GEHT'S UM EMPFEHLUNGSMARKETING!

PLITSCH-PLATSCH-PR

Eine PR-Aktion besonderer Art startete ein Starnberger Fitness-Studio, das an einem schönen warmen Sommertag ein Strandbad mit 1000 Wasserbällen überrollte. Jeder Ball trug das Logo des Fitness-Studios. Gleichzeitig luden sie die örtliche Presse ein.

Wie viel wird so ein Wasserball kosten? Sagen wir 20 Cent. Das heißt, dass für den minimalen Einsatz von insgesamt 200,- Euro jeder das Fitness-Studio wahrgenommen hat. Spaß inklusive. Durch die örtliche Presse war das Studio Stadtgespräch. Der finanzielle Einsatz war bereits mit der ersten Neuanmeldung wieder drin.

TIPP:
Überlegen Sie, wie Sie mit wenig Budget viel Emotionen hervorrufen können. Denn Emotionen bleiben nicht nur im Kopf, sondern sind das Kerngeschäft der Presse.

WETTEN, DASS?

Werden Sie Wettkönig und Ihr Kunde auch

Apropos Neuanmeldungen. Einer unserer Kunden, die Landesbank in Österreich, startete eine Kampagne, in der sie 100,- Euro in Aussicht stellte. Wie das? Es gab eine Kundenwette: Falls die Einrichtung eines Girokontos länger als zwölf Minuten dauern würde, gäbe es eine 100,- Euro Gutschrift geschenkt.

Per Radio, Anzeigen und Mund-zu-Mund-Propaganda verbreitete sich diese originelle Aktion blitzschnell. Die Bank konnte zigtausend Neukunden begeistern, denn es gab entweder schnellen Service oder 100,- Euro. Gewinnen garantiert.

Die Aktion war für die Bank ein gigantischer Erfolg. Die 100,- Euro, die manchmal gezahlt wurden, waren dagegen als Investition ein Taschengeld.

WIN-WIN

Das Prinzip der Kundenwette nutzte auch McDonald's vor einiger Zeit. Die Fast-Food-Kette wettete mit ihren Kunden, dass die Bearbeitungszeit am Drive-in-Schalter eine bestimmte Minutenanzahl nicht überschreite. Andernfalls bekäme der Kunde das Essen gratis.

Wieder ein schönes Beispiel dafür, wie man mit Spaß den Spieltrieb der Kunden nutzen kann. Nun sind Sie an der Reihe: Überlegen Sie, wie Sie ohne Risiko eine Wette mit Ihrem Kunden eingehen können. So gewinnen Sie auf jeden Fall.

SNEAK PREVIEW

Wir dürfen zu diesem Zeitpunkt noch nicht alles verraten, daher nur ein Appetizer:
Bald wird eine der größten Kampagnen, die die Versicherungsbranche je gesehen hat, an den Start gehen. Die potenziellen Kunden werden dazu animiert, ihren Kfz-Schein abzufotografieren und einzusenden. Falls es nicht gelingen sollte, eine günstigere Kfz-Versicherung anzubieten, bekommt der Kunde 150,- Euro geschenkt. Aufmerksamkeit garantiert! Wetten, dass?

Mit welcher Wette können Sie Ihre Kunden anlocken und -triggern? Eine bestimmte Dienstleistung? Ein Extra-Service? Wie schaffen Sie es, die Menschen hervorzulocken?

WETTEN, DASS WIR ES SCHAFFEN, IHRE WEBSITE SCHNELLER ZU MACHEN?

Sollten wir es nicht schaffen, dass Ihre Website nachweislich schneller lädt, müssen Sie nichts bezahlen. Sind wir erfolgreich, kostet Sie diese Dienstleistung nur 45,- Euro netto.

Gehen Sie auf die Wette ein? Dann senden Sie uns eine E-Mail mit dem Betreff „Kundenwette: schnellere Website" an service@website-helden.de.

Testen Sie ganz einfach selber, wie schnell Google Ihre Website lädt. Gehen Sie auf diesen Link und geben Sie Ihre Domain ein.
https://developers.google.com/speed/pagespeed/insights/?hl=de

TIPP:
Verknüpfen Sie die Kundenwette mit einem Ereignis. Zum Beispiel, dass Ihre Kunden etwas gratis bekommen, wenn die Nationalmannschaft Weltmeister wird, an einem bestimmten Kalendertag hitzefrei ist oder Ähnliches. Einmal querdenken, bitte.
So eine Aktion ist sehr wirkungsvoll, da Ihre Kunden nicht nur einem Termin entgegenfiebern, sondern auch Sie und Ihre Wette ständig im Bewusstsein haben. Übrigens: Das ist einfach umzusetzen und funktioniert auch toll in den Social Media.

AUS UNSEREM NÄHKÄSTCHEN

Im Folgenden präsentieren wir Ihnen zwei originelle Kampagnen, an deren Konzeption und Durchführung wir selbst beteiligt waren.

KURVENWUNDER ODER: WARUM IST DIE KAMPAGNE KRUMM?

Starten wir mit der Kampagne, die ein aktuelles Thema aufgreift und ganz simpel, aber wirkungsvoll für ihre eigene Inszenierung nutzt: Zu dieser Zeit kam das megaschlanke iPhone auf den Markt. Die Medien kritisierten, es sei zu dünn für den täglichen Gebrauch. Wenn man es in der hinteren Hosentasche trägt, verbiegt es sich beim Draufsetzen.

Sofort kam uns die Idee, dieses Ereignis als einen cleveren Scherz für die Kampagne eines Büroartikel-Herstellers zu nutzen. Man nehme: das curved Visitenkarten-Etui unseres Kunden. Das ist nämlich genau deshalb gekrümmt (curved), damit man sich darauf setzen kann, und zwar OHNE dass die darin aufbewahrten Visitenkarten geknickt werden!

Gedacht, getan! Zwei perspektivisch gleiche Fotos entstanden; einmal das curved Visitenkarten-Etui und einmal (natürlich mit Bildbearbeitung) das gekrümmte iPhone. Die Message war geboren! Um das Ganze noch zu verstärken, schrieben wir unter das Etui „Das original Curve Case" und provokant unter das iPhone „Die Kopie". Darüber als Headline: „Oft kopiert, nie erreicht."

Diese Print-Kampagne kam bei unserem Kunden, den Endkunden und dem Noch-nicht-Kunden super an. Sie bewies Selbstbewusstsein und Humor, verknüpft mit einem aktuell diskutierten Thema. BAM! Ein emotionaler Volltreffer, der im Kopf bleibt.

Machen ist wie wollen, nur krasser!

Wenn Sie also eine Kampagne inszenieren wollen, die ein aktuelles Thema aufgreift, machen Sie es einfach! Schlagen Sie zwei Fliegen mit einer Kampagne: Sie „klauen" sich ein Stück weit den Glamour und Bekanntheitsgrad des Vergleichsartikels und setzen Ihrem Produkt die Siegeskrone auf.

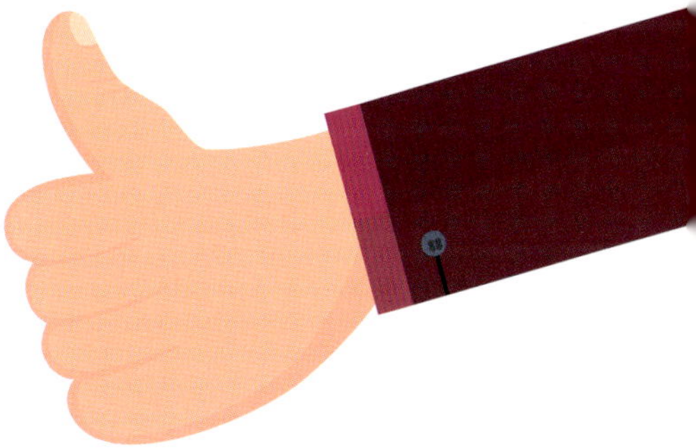

DIESE KAMPAGNE IST (S)TOLL!

STOLL, ein Produzent von Frontladern, trat an uns heran. Sie hatten Umsatzeinbußen festgestellt und wünschten sich von uns eine Kampagne, die wieder zu steigenden Verkaufszahlen führen sollte. So viel vorab: Wir waren erfolgreich.

Zu Beginn analysierten wir den Grund für den Umsatzeinbruch. Es zeigte sich, dass der Marktanteil unseres Kunden extrem hoch war. Hört sich eigentlich gut an, war aber ein echtes Problem. Denn die Kunden besaßen teilweise 30 Jahre lang denselben Frontlader. Fazit: Weil die Produkte so langlebig und robust sind, fehlte es an Neukäufen.

Problem erkannt, Gefahr gebannt. Die Idee: STOLL greift die bekannte Abwrackprämie auf. Um möglichst viel Aufmerksamkeit zu erzielen, nannten wir diese Kampagne „Tausch deine Alte". Gemeint war: Tausch deine alte Schwinge (den Frontlader eines Traktors).

Unterstützt wurde der Slogan durch ein Bildmotiv, das einen resignierten Mann und seine nervige Ehefrau zeigte. Natürlich war die Doppeldeutigkeit des Wortes „Alte" gewollt.

Beim Tausch der alten Schwinge in eine neue bot STOLL eine Eintauschprämie von bis zu 750,- Euro an. Zudem wurde ein Aktionszeitraum von zwei Monaten definiert. Durch diese zeitliche Verknappung verstärkten wir die Gier der Käufer.
Die Resonanz war sehr groß. Der gesamte Markt sprach über diese Kampagne. Was jedoch noch wichtiger war: Die Verkaufszahlen stiegen innerhalb von drei Wochen deutlich an.

Jetzt sind Sie an der Reihe: Welche Kampagne fahren Sie als Nächstes?

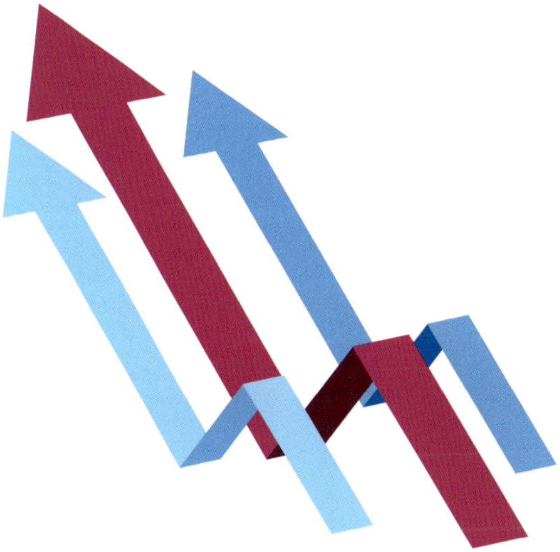

E-MAIL-KAMPAGNEN – EIN KÖNIGREICH FÜR EINE MAIL

Bezogen auf den Kosten-Nutzen-Faktor sind E-Mail-Kampagnen extrem erfolgreich. Sie sind unendlich skalierbar, ohne dass die Kosten steigen.

Wie viele Kunden springen auf eine E-Mail an? Gehen wir vorsichtig mal von 2 – 3 % aus. Das bedeutet bei 200 versendeten E-Mails ca. 5 Kundenreaktionen. Wenn Sie jedoch 200.000 E-Mails versenden, erhalten Sie 5000 Reaktionen. Noch Fragen? Gleiche Kosten, höherer Umsatz, einfach genial!

Laut einer Studie einer der weltweit führenden Unternehmensberatungen sind E-Mails fast 40 mal effektiver als klassisches Facebook- und Twitter-Marketing zusammen! Beides hat seine Daseinsberechtigung, aber das Ergebnis zeigt, E-Mail-Marketing hat die Nase vorne.

Um E-Mails zu verschicken, brauchen Sie Adressen. Sicher haben Sie einen Adressenpool, aus dem Sie schöpfen können. Wie Sie diesen sinnvoll strukturieren oder woher Sie bei Bedarf weitere Adressen erhalten, erfahren Sie auch noch in diesem Kapitel.

Kooperieren statt kopieren

Die direkte Weitergabe von E-Mail-Adressen ist aus datenschutzrechtlichen Gründen untersagt. Es gibt jedoch einen legalen Weg, wie Sie von Mail-Kontakten eines anderen profitieren können. Diese Methode funktioniert so:

Perfekte Symbiose

Suchen Sie sich einen Kooperationspartner mit einem lukrativen Adressenpool. Überlegen Sie, wie dessen Kunden von Ihrem Service oder Ihrem Wissen profitieren können. Anschließend schickt Ihr Kooperationspartner seinen Kunden eine E-Mail, um Ihren Service oder Ihr Wissen zu empfehlen. Durch einen Link in der E-Mail gelangen die Kunden dann auf Ihre Landing Page. Nun sind die Kunden zwar auf Ihrer Website, aber wie kommen Sie jetzt an deren E-Mail-Adresse? Ganz einfach …

Willst du mit mir gehen? Ja, ja oder ja?

Auf Ihrer Landing Page erwartet den Kunden zusätzlich zu einer herzlichen Begrüßung ein Feld, in dem er seine E-Mail-Adresse eintragen soll. Doch wie schaffen Sie es, die Kunden dafür zu begeistern? Indem Sie ihnen ein Goodie, auf das sie ganz sicher nicht verzichten möchten, in Aussicht stellen. Dieses Goodie könnte zum Beispiel ein Gratis-E-Book, ein Coupon oder sonstiger Service sein. Wichtig ist, dass das Goodie Ihren Kunden einen echten Mehrwert bietet. So haben die Noch-nicht-Kunden selbstständig auf Ihre Seite geklickt und sind mit ihren Einträgen zu Ihren Leads geworden.

TIPP:
Geben Sie Ihrem Kooperationspartner einen Vorteils-Code, den er in seiner Empfehlung weiterleiten kann. Durch diesen Code können Sie Ihre neu gewonnen Leads immer dem entsprechenden Partner zuordnen. Am besten: Sie gehen direkt mehrere Kooperationen ein.

DER E-MAIL-NEWSLETTER

Außen hui, innen yes!

Was führt zum Erfolg Ihres E-Mail-Newsletters? Tag für Tag landen etliche E-Mails im Posteingang Ihrer Kunden. Die Erkenntnis: Sie haben jede Menge Newsletter-Konkurrenz. Wichtig ist also, dass der User seinen Nutzen sofort erkennt, am besten schon im Betreff. Denn hier scheidet sich bereits die Spreu vom Weizen. Wenn Ihre Kunden erst eine ganze Minute opfern müssen, um zu erkennen, dass sie das aktuelle Thema nicht interessiert, ist die Wahrscheinlichkeit einer frustrierten Abmeldung deutlich höher.

ACHTUNG:

Kunden von heute sind sehr selbstbestimmend. Bevor Sie überhaupt „Newsletter" sagen können, hat sich ein Kunde eventuell schon von selbigem abgemeldet.

Machen Sie Ihren Noch-nicht-Kunden auf besondere Angebote aufmerksam. Definieren Sie z. B. ein bestimmtes Aktions-Zeitfenster, das ihn zum Reagieren animiert. Auch bewährt haben sich monetäre Vorteile wie Rabatte o. Ä. Mit relevanten Informationen zu regionalen oder fachlichen Themen gewinnen Sie ebenfalls Fans. In jedem Fall gilt: Der Newsletter muss unbedingt für den Empfänger von Interesse sein.

TIPP:
Jetzt sind Sie an der Reihe. Denken Sie „kundisch"! Erforschen Sie den Alltag Ihrer Kunden und binden Sie entsprechende Themen in Ihre Newsletter mit ein.

Spiel, Spaß, Spannung

Ein gutes Beispiel ist hier der Newsletter des Drogeriemarktes dm. Um die Markenbeziehung z. B. zur Zielgruppe der Mütter zu festigen, enthält der Newsletter im Herbst nicht nur neueste Schaumbäderideen oder Schminktipps einer YouTuberin. Auch Drachenbau-Anleitungen für die Kinder unterstützen die emotionale Bindung zur Marke. Ein Foto-Wettbewerb, bei dem man ein Bild seines selbstgebauten Drachens einschicken kann, rundet das Erlebnis ab. All das ist interaktives Newsletter-Marketing mit modernen Mitteln.

Die Cross-Selling-Mail

Jetzt kommen wir zu weiteren Highlights des E-Mail-Marketings. Binden Sie Cross-Selling-Produkte mit ein. Dies sind ergänzende Produkte. Wie das funktioniert? Wenn beispielsweise jemand über Ihren Online-Shop ein Sofa gekauft hat, bieten Sie ihm doch nachträglich per E-Mail das passende Sofakissen dazu an. Frei nach dem Motto: „Übrigens, ich hätte da noch was für Sie …"

Mit erfolgreichen Cross-Sellings optimieren Sie Ihren Ertrag. Kaum Mehrkosten – deutlich mehr Umsatz. Warum? Weil es günstiger ist, einem Bestandskunden ergänzende Produkte oder Dienstleistungen zu verkaufen, als einen Erstauftrag zu generieren.

Tic Tac Tagging

Ein sehr hilfreiches Tool bei der Erstellung relevanter E-Mails ist das Tagging. Tagging bedeutet so viel wie Etikettieren.

Hier ein Beispiel: Was passiert, wenn Sie in einem Newsletter ein Produkt bewerben, das der Kunde bereits gekauft hat? Die Folge wäre, dass der Kunde den Newsletter als nervig empfindet und sich möglicherweise direkt davon abmeldet.

Mit Tags passiert so etwas nicht. Denn da erhält dieser Kunde das Tag ‚Produkt XY gekauft'. Folglich wird er aus dem entsprechenden Verteiler aussortiert. Gleichzeitig ist er damit aber qualifiziert für die Cross-Selling-E-Mail: „Lieber Kunde, Sie sind ein stolzer Besitzer unseres Produktes XY. Schauen Sie mal, was es dazu Passendes gibt ..." Ein Tag optimiert also einen kompletten Verkaufsprozess.

Diese Tags können Sie auch wunderbar nutzen, um Ihre Kunden zu sortieren. Tags wie z. B. Familie, Hundeliebhaber o. Ä. helfen Ihnen dabei. Mit diesen Tags können Sie dann gezielt E-Mails an entsprechende Gruppen versenden. Diese Tags können jederzeit manuell oder automatisiert erweitert oder angepasst werden. So sorgen Sie für zufriedene Empfänger.

6 TIPPS FÜR ERFOLGREICHES E-MAIL-MARKETING

1

Zwei Ziele, eine E-Mail

Verfolgen Sie immer zwei Ziele: Ihr eigenes (Verkauf) und das des Users (Nutzen). Passen Sie die Inhalte der E-Mails entsprechend an.

2

Der Betreff verkauft die E-Mail

Machen Sie gleich im Betreff klar, worum es in Ihrer E-Mail geht. So brauchen die Kunden die E-Mail nur zu öffnen, wenn sie wirkliches Interesse am aktuellen Thema haben. So vermeiden Sie Abmeldungen.

3

Personalisierte Ansprache

Sprechen Sie Ihre Kunden per Namen an. Wenn Kunden den eigenen Namen lesen, fühlen Sie sich persönlich aufgewertet und thematisch angesprochen.

4

Goodies

Kunden lieben Goodies! Selbsterklärend, oder?

5 No-go No-reply

Adressen von einer No-Reply-Adresse, auf die man nicht antworten kann, sind unbeliebt und wandern oft in den Papierkorb. Denn Kunden möchten wissen, wer ihnen schreibt. Kunden möchten die Möglichkeit haben, zu antworten.

6 Auf den Werktag kommt es an

Dienstags landen am meisten E-Mails im Papierkorb. Gefolgt von mittwochs und donnerstags. Warum? Weil hier mit Abstand am meisten E-Mails versendet werden. Setzen Sie sich ab, indem Sie Ihre E-Mails montags oder freitags versenden. Sogar der Samstag ist laut Statistik erfolgreicher.

FAZIT:

Kampagnen besitzen eine große Sogwirkung. Mit originellen Kampagnen in unterschiedlichen Medien sind Sie bestens aufgestellt. Seien Sie mutig und beweisen Sie Humor. Gehen Sie neue Wege und überraschen Sie. Haben Sie hierbei stets Ihr eigenes Ziel und den Nutzen Ihrer Kunden gleichermaßen im Fokus. Ein gutes E-Mail-Marketing hat hierbei ein optimales Kosten-Nutzen-Verhältnis.

Jetzt wissen Sie, wie es geht! Triggern Sie Ihre (potenziellen) Kunden gekonnt an.
Denken Sie immer daran: Jeder Trigger ist der Beginn einer Kundenreise!

1. DIE TRIGGERPHASE

1.3 Empfehlung

1.3

HIER GEHT'S UM EMPFEHLUNGSMARKETING!

RAUS AUS DEM HAMSTERRAD – RAUF AUF DIE ZIELGERADE

Empfehlungen sind der Turbo für Ihre Neukundengewinnung. Es gibt keine stärkeren Leads. Empfehlungen von Freunden und Bekannten haben laut einer Studie den größten Einfluss auf die Kaufentscheidung. Volle Akquise-Power.

Gerade im Gegensatz zu schnellen Likes der Social Media hat die persönliche Empfehlung eine unglaubliche Kraft. Weil sie nicht alltäglich ist. Nichts ist glaubwürdiger und qualitativer. Auf nichts hören wir mehr, als wenn ein Freund oder geschätzter Arbeitskollege sagt: „Das kann ich dir empfehlen!" Das Beste gibt es nur auf Empfehlungsbasis. Wirkliche Top-Jobs stehen in keiner Zeitung. Zum besten Arzt kommt man aufgrund begeisterter Erzählungen zufriedener Patienten. Das Geheimtipp-Restaurant bekommt man empfohlen.

Gedankenexperiment

Nehmen Sie einen Ihrer Kunden. Wie viele Noch-nicht-Kunden hat dieser in seiner „Umlaufbahn"? 5, 10, 20 oder sogar noch mehr? Multiplizieren Sie einfach die Anzahl Ihrer zufriedenen Kunden mit dieser Zahl. Schon haben Sie Ihr Neukunden-Potenzial. Von diesem Potenzial sind Sie nur eine einzige Empfehlung entfernt.

Wie genial wäre es nun, wenn Ihre Kunden von IHNEN erzählen würden? Wie das funktioniert? Das erklären wir Ihnen jetzt.

HIER GEHT'S UM EMPFEHLUNGSMARKETING!

DIE ERZÄHLSTORY

Angeben, aber richtig

Wie schaffen Sie es, dass man über Sie spricht? Mit einer einzigartigen Erzählstory. Seien Sie besonders. Geben Sie Ihren Kunden etwas Spannendes zum Weitersagen. Ihre Erzählstory muss so einzigartig sein, dass Ihre Kunden damit angeben können. Denn nur so werden diese selber wichtig. Sie genießen die Anerkennung Ihrer Freunde und Bekannten.

Jetzt wird's spannend. Wenn Ihr Kunde merkt, dass seine Empfehlung gut ankommt, motiviert ihn das, weitere Empfehlungen auszusprechen. Schließlich möchte er weitere Anerkennung genießen. Diese Empfehlungsspirale ist nun ein eigendynamischer Turbo, für den Sie nichts weiter tun müssen.

DIE SAUBERKEITS-GARANTIE

Blitzblanker Erfolg

An dieser Stelle möchten wir Ihnen einen Maler und Anstreicher vorstellen. Was ist an einem Maler spannend? Davon gibt es ja viele. Und wenn man in einer Empfehlung gesagt bekommt, dass ein Maler gute Arbeit verrichtet oder tolle Farben zur Auswahl hat, ist das wahrlich nichts Besonderes.

Bei unserem Maler ist jedoch etwas anders. Achtung Erzählstory-Alarm! Er ist „Der Maler mit der Sauberkeitsgarantie".

Was bedeutet das? Wenn Sie als Kunde, nach verrichteter Malerarbeit, irgendwo noch einen Farbspritzer finden, müssen Sie die Rechnung nicht bezahlen. Keinen Cent. Tolle Story, die man gerne weitererzählt. Verblüffte Gesichter garantiert. Für ihn selbst ist das Risiko übrigens keins. Denn natürlich prüft er die Baustelle sorgfältig, bevor er das Haus verlässt. Trotz der vielen Malerbetriebe in seiner Umgebung kann sich „Der Maler mit der Sauberkeitsgarantie" vor Aufträgen kaum retten. Denn seine Geschichte ist einzigartig und spricht sich herum wie ein Lauffeuer.

TIPP:

Überlegen Sie, was Ihre „Sauberkeitsgarantie" sein könnte. Was macht Sie in Ihrem Business einzigartig? Haben Sie etwas ganz Besonderes? Hier ein Anstoß: Sie sind Berater? Dann beraten Sie doch beispielsweise in einem alten Feuerwehrbus. Dann wären Sie „Der Berater, der vorbeikommt, wenn's brennt".

Oder Sie haben einen Einzelhandel mit einer betreuten Kinderspielecke. Dann wären Sie „Das Geschäft, wo man in Ruhe einkaufen kann".

DIE FLUGZEUGSITZE

Anschnallen bitte

Clevere „Baumaßnahmen" können auch für Erfolg sorgen. Wann? Wenn sie der Mittelpunkt einer Erzählstory sind. Hierzu ein persönliches Beispiel von uns: Für eine Beratung der Lufthansa ersetzten wir die normalen Konferenzstühle durch Flugzeugsitze. Sie können sich vorstellen, wie die Mund-zu-Mund-Propaganda ihren Lauf nahm: „Bist du auch in der Beratung mit den Flugzeugsitzen?" Die Empfehlungsquote war himmlisch.

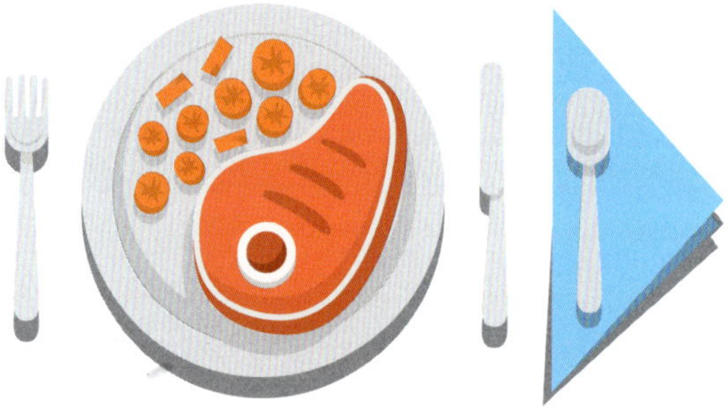

DAS STEAKMESSER

Eine scharfe Idee

Ein Stuttgarter Steakhouse hatte einen schnittigen Einfall: Bei Ihrem dritten Besuch fragt man Sie: „Möchten Sie Ihr Steakmesser lieber mit Ihren Initialen oder Ihrem vollen Namen graviert haben?" Ab jetzt sind Sie nicht nur Stammgast. Sie sind ein echter VIP. Bei jeder Reservierung liegt nun Ihr persönliches Steakmesser neben dem Teller. Mehr Kundenbindung geht kaum.

Und weil Steakfans ihr Essen gerne in Gesellschaft verzehren, geht die Story nicht nur am Tisch rund. Das Empfehlungsmarketing kommt auf Touren. Der Umsatz auch!

DIE ROLLATOR-RALLEY

Abgefahren

Der Inhaber eines Sanitätshauses ließ den Vorgarten seiner Firma funktionell umbauen: Mit einer kleinen Brücke, leichten Anstiegen und Abfahrten, Kurven und verschiedenen Bodenbelägen wie Kies, Gras und Sand machte er ihn zur Abenteuerstrecke.

Der Plan ging voll auf. Durch diese gern genutzte Teststrecke hat sich der Umsatz bei Rollatoren versechsfacht! Sogar die gesamte Kundenfrequenz ist um das Zweieinhalbfache gestiegen. Jeder, der dort Probe fährt oder als Zuschauer über das geniale Plus staunt, empfiehlt „Das Sanitätshaus mit der Teststrecke" weiter.

Los geht's, jetzt sind Sie dran.

Was ist IHRE Erzählstory? Was ist so stark, dass man gerne darüber positiv spricht? Seien Sie bei der Findung ruhig fantasievoll und ein Quer- und Weiterdenker. Denn oft steckt die zündende Story nicht unmittelbar in Ihrem Produkt oder Ihrer Dienstleistung, sondern direkt daneben.

DER EXPERTEN-STATUS

Beweismaterial

Sie haben nun Ihre Erzählstory. Klasse! Wenn Sie „erzählenswert sind", addieren Sie einen weiteren wichtigen Aspekt hinzu: den Expertenstatus. Denn „Verkäufer suchen Kunden, aber Kunden suchen Experten!".

Warum der Expertenstatus wichtig ist? Na, dann vergleichen Sie doch einmal folgende beide Varianten:

1.Stellen Sie sich vor, Ihr Bekannter sagt zu Ihnen: „Ich habe einen Versicherungsverkäufer für dich. Den möchte ich dir gerne empfehlen." Wahrscheinlich denken Sie sofort: „Oh mein Gott, bloß nicht. Der will mir ja nur etwas verkaufen."

2. Oder Ihr Bekannter sagt: „Ich kenne einen Experten für Sicherheitsfragen. Bei dem muss man schauen, dass man überhaupt einen Termin bekommt!" Das klingt extrem interessant, nicht wahr?

Welche Variante kommt besser beim Kunden an? Eindeutig die zweite. Der Experte gewinnt.

Doch was macht einen echten Experten aus? Ein Experte weiß, was er tut und wie er es tut. Warum? Er hat Wissen und Erfahrung. Dies sind wichtige Aspekte für die Weiterempfehlung.

MERKE:
Untersuchungen haben gezeigt: Einem Experten sagt man keine Termine ab. Dies tut man nur bei einem gewöhnlichen Verkäufer.

TIPP:
Gehen Sie neue Wege: Vereinbaren Sie zu Beginn gleich zwei Termine mit Ihrem Neukunden. Einen zur Analyse seiner Situation und einen zweiten zur Vorstellung Ihrer Lösung.

Der Kunde spürt sofort, dass er es bei Ihnen mit einem Experten zu tun hat. Er merkt, dass er nicht nur eine gewöhnliche Nummer ist, dem sie Fertiglösungen anbieten. Nur ein Experte nimmt sich die Zeit, eine perfekte, individuelle Lösung zu erarbeiten.

DIE EMPFEHLUNGS-VEREINBARUNG

Hand aufs Herz

Neben einer guten Erzählstory und einem professionellen Auftreten als Experte muss auch eine klare Empfehlungsvereinbarung mit dem Kunden erfolgen. Denn aller guten Dinge sind 3. Doch was ist eine Empfehlungsvereinbarung? Es ist eine Art Versprechen, das Ihr Kunde Ihnen gibt.

Hierzu sollten Sie klare Spielregeln definieren: Fragen Sie schon am Anfang Ihrer Geschäftsbeziehung, ob Ihr Kunde bereit wäre, Sie weiterzuempfehlen. Natürlich nur, wenn er auch wirklich zufrieden mit Ihnen ist. Lassen Sie sich auf das „Ja!" die Hand geben.

Irgendwann wird dieser Moment kommen. Erinnern Sie ihn an Ihre Empfehlungsvereinbarung. Jetzt kann er gar nicht anders, als sich an die Spielregeln zu halten und Sie weiterzuempfehlen. Denn Versprechen werden nicht gebrochen.

Die einzelnen Kapitel des Lead-Loop® greifen permanent ineinander. Deshalb erklären wir den genauen Ablauf dieser Vereinbarung in der dritten Phase, wenn es um das Beratungsgespräch geht.

An dieser Stelle möchten wir Ihnen das Buch „So funktioniert Empfehlungsmarketing heute" des Bestsellerautors Roger Rankel empfehlen. Wie kein anderer hat er das Thema Empfehlungen zu einer seiner Paradedisziplinen entwickelt.

ERFOLGSFORMEL FÜR IHRE EMPFEHLUNGSRATE

Erzählstory
+ Expertenstatus
+ Empfehlungsvereinbarung
= Ihr Empfehlungsturbo

EXKURS STORYTELLING

Merk-würdige Geschichten

Oft verwechselt oder als das Gleiche gesehen, werden die Begriffe Erzählstory und Storytelling. Erzählstorys werden kreiert, damit sie Ihr Kunde ÜBER SIE erzählen kann. Sie konzentrieren sich auf wenige Besonderheiten wie z. B. die zuvor besprochene Sauberkeitsgarantie.

Storytelling hingegen geht darüber hinaus. Es sind unterhaltsam begleitende Geschichten, die Werte transferieren. Unser Gehirn liebt Geschichten. Es denkt viel lieber in Bildern als in Zahlen und Fakten. Sie kennen das Zitat „Ein Bild sagt mehr als tausend Worte". Genau so ist es. Das sogenannte episodische Gedächtnis speichert Geschichten zuverlässig. Deshalb ist es extrem clever, neben dem normalen Verkauf auch darauf zu bauen.

MERKE:
92 % der Konsumenten wünschen sich Werbung, die eine Geschichte erzählt.

Hier ein paar Beispiele aus der wunderbaren Welt der Werbung:

MUT ZUM GEFÜHL

„Geiz ist geil" war gestern

Ausgerechnet Branchen, die man nicht unmittelbar mit Sentimentalität in Verbindung bringen würde, nutzen diese Marketingstrategie meisterhaft.

Passend zum Storytelling-Trend, rührte Saturn uns an Weihnachten mit hoch emotionalen Geschichten. U. a. mit dem alten Herrn im Seniorenheim, der seine eigene Tochter auf Grund von Demenz nicht mehr erkennt. Seine Tochter schenkt ihm eine Virtual-Reality-Brille. Damit macht er dann einen Zeitsprung in seine glückliche Vergangenheit. Er erinnert sich und nennt am Schluss des Spots seine Tochter bei ihrem Namen. Anna.

Dieser Spot namens „Anna" wurde über die Social Media extrem verbreitet. Ein Facebook-Kommentar: „Ich wollte sie eigentlich doof finden, aber irgendwie machen die neuen Saturn-Spots was mit mir. ‚Anna' erinnert mich sehr an Oma ..." Der übertragene Wert ist „Familie". Und diese Familie kann man mit Produkten des Konzerns glücklich machen.

Genau darum geht es: Ihre Geschichten sollen die Menschen emotional erreichen. Das schafft Bindung zwischen Kunden und Marken. Diese Storys werden weitergetragen. Viral und in persönlichen Gesprächen.

SPINNEN SIE MAL

Die Freude des Alters

Versicherungen könnten umdenken und nicht nur Angstszenarios kreieren. Positive Emotionen in potenziellen Kunden zu wecken ist die Kunst. Seien Sie fantasievoll und nutzen Sie die Macht der Gefühle.

Ein Spezialist für Altersvorsorge könnte beispielsweise durch Storytelling Best Ager bei ungewöhnlichen Hobbys zeigen: Squash, Bergklettern, Graffiti sprühen oder ähnlich Spannendem. Zusätzlich erfährt man in den Geschichten, dass diese Senioren ihr ganzes Leben lang geschuftet haben. Dank ihrer privaten Rentenversicherung genießen sie nun den Ruhestand. Das bringt das Thema potenziellen Kunden emotional näher und sorgt für Sympathie und Kundenbindung.

2 EINSTEIGERTIPPS FÜR IHR STORYTELLING

1

Für Realisten

Wenn fantasievolle Geschichten nichts für Sie sind, dann machen Sie es doch lieber wie folgt: Hören Sie Ihren Kunden gut zu. Wetten, dass unter Ihren Kunden mindestens einer ist, der durch Sie eine enorme Verbesserung in seinem Leben erfahren hat? Nehmen Sie diese reale Geschichte als Idee Ihres Storytellings. Motto: Geschichten, die das Leben schrieb.

2

Auf den Hund gekommen

Haben Sie ein Tier in Ihrem Unternehmen? Eine Katze könnte neugierige Geschichten erzählen oder ein Vogel über Freiheit berichten. Tiere binden Sympathien und sorgen immer für Gesprächsstoff. Unser eigener Agenturhund ist ein Basset. Diese Rasse gehört zu den Suchhunden. Wie kann der Suchhund einer Onlineagentur also besser heißen als … Herr Gugel? Die Namensähnlichkeit zur weltweit führenden Internet-Suchmaschine ist natürlich bewusst gewählt. Bereits im Namen beginnt das Storytelling. Unser Hund erzählt in unserer Kundenkommunikation lauter Geschichten. Zusätzlich macht er uns menschlich. (Tiere sind bekanntlich eh die besseren Menschen.)

HIER GEHT'S UM EMPFEHLUNGSMARKETING!

Sie sind dran:
Geschichten sorgen für klare Werte, Authentizität und Kundenbindung par excellence. Welche Geschichte steckt hinter Ihnen und Ihrem Produkt? Welchen Wert wollen Sie übertragen?

DIE VIER PROs

Superman war gestern

Wenn unter Ihren Kunden dann noch die folgenden Charaktere vertreten sind, haben Sie für Ihr Empfehlungsmarketing ein besonders gutes Blatt auf der Hand.

Der PROmoter

Der Hansdampf in allen Gassen. Er kennt extrem viele Menschen, ist schnell begeistert und nutzt jede Art der Verkaufsförderung. Der Promoter ist bereit, mit Feuereifer zu empfehlen. Dieser Kundentyp macht gerne Werbung für Sie. Kostenlos. Weil er durch Ihren Erfolg glänzen kann.

Der PROfessional

Er ist extrem professionell, immer optimal planend und effizient. Der Professional skaliert seine Erfolge durch sein qualitatives Netzwerk. Hierdurch dürfen Sie schnellste Ergebnisse erwarten. Er ist ein Kooperationspartner, der seinen Wert kennt. Deswegen wird er für seine erfolgreichen Bemühungen eine Gegenleistung erwarten: eine Tippgeber-Provision oder ein lukratives Gegengeschäft. Win-win ist sein Credo.

Der PROfessor

Er ist selbst ein Experte und kennt sein Wissen und seine Meinungsmacht. Oft ist er Meister der leisen Töne. Somit das Gegenteil des Promoters, der marktschreierisch agiert. Wenn der Professor einmal Ihr Fürsprecher geworden ist, haben Sie eine mächtige Autorität gewonnen. Denn seine Meinung zählt überall.

Der PROminente

Allseits bekannt, tritt er als Testimonial für Sie auf. Er kann ein Spitzensportler oder ein beliebter TV-Star sein, aber auch eine lokale Prominenz. Wenn Sie einen Prominenten in Ihrem Kundenkreis haben, profitieren Sie von dessen Bekanntheit. Denn wenn er Ihr Produkt oder Ihre Dienstleistung nutzt, ist das sehr reizvoll für andere. Der Prominente kann sogar Teil Ihrer Erzählstory werden. Mit ihm punkten Sie also gleich doppelt.

HIER GEHT'S UM EMPFEHLUNGSMARKETING!

INFLUENCER

Die Online-Empfehlungs-Lawine

Nutzen Sie Influencer. Das sind einflussreiche Persönlichkeiten der Social Media. Diese Influencer sind die Meinungsbildner der heutigen Zeit. Sie haben sich viele eigene Follower aufgebaut, die ihnen dauerhaft folgen. Influencer beeinflussen ihre Fans. Wenn sie z. B. auf einem Foto auf Instagram eine bestimmte Uhr tragen, dann wollen die Follower auch diese Uhr besitzen. Die Verkaufszahlen dieser Uhr steigen anschließend messbar.

PLUSPUNKTE:

- Image des Produktes oder Dienstleisters wird verbessert
- Steigerung des Bekanntheitsgrades
- Identifikation mit dem Trend der Zeit
- Umsatzsteigerung

DAVID ODER GOLIATH

Es gibt zwei große Kategorien an Influencern. Makro-Influencer, denen Hunderttausende folgen, und Mikro-Influencer, denen „nur" bis zu Tausende folgen. Die Frage aller Fragen lautet: Wer ist jetzt lukrativer als Empfehlungsgeber?

Zunächst setzten Marken deutlich mehr auf Makro-Influencer, da man mit diesen auf den ersten Blick mehr potenzielle Kunden erreicht. Inzwischen achtet man jedoch mehr auf folgende Frage: Wie viele Kommentare, Verlinkungen, Weiterempfehlungen erzielen sie im Vergleich zu Mikro-Influencern?

Überraschung: Der Mikro-Influencer ist viel näher an seinen Fans dran. Er kommuniziert direkt mit ihnen. Diese wiederum stellen Fragen und geben Hinweise. Sie liken und verknüpfen seine Beiträge mit anderen Usern. Kurz: Seine Fans interessieren sich erheblich mehr für ihn.

MERKE:
Laut einer Studie führten Influencer-Kampagnen bei 43 % der Follower zu einem Kaufimpuls!

TIPP:
Klein gewinnt!
Daher ist unsere klare Empfehlung: Schonen Sie Ihren Geldbeutel und setzen Sie auf Mikro-Influencer. Die sind ganz nah an ihrer Zielgruppe dran. Die Glaubwürdigkeit ist um ein Vielfaches höher, denn kaum etwas wird heute so hoch geschätzt wie Authentizität.

IN VIER SCHRITTEN ZUM PERFEKTEN INFLUENCER

1

Detektivarbeit

Recherchieren Sie im Internet nach passenden Zielgruppen für Ihr Produkt oder Ihre Dienstleistung. Finden Sie Einzelpersonen, die Gespräche mit positiven Beiträgen dominieren. Diese sollten unbedingt zu Ihrem Stil passen. Mittlerweile gibt es Websites, auf denen Sie gezielt nach Influencern suchen können. Geben Sie hierzu einfach „Influencer suchen" bei Google ein.

Kleckern statt klotzen

Wählen Sie Mikro- statt Makro-Influencer, weil diese trotz größerem Einfluss mit weniger Honorar zufrieden sind. Oft sind sie schon glücklich, wenn sie Ihre Produkte behalten dürfen.

2

3

Jetzt auch klotzen

Suchen Sie sich direkt mehrere Mikro-Influencer aus. Durch deren kleines Honorar können Sie sich das leisten.

Fachmann Influencer

Geben Sie Ihrem Influencer so viel Informationen, wie er braucht. Ein gutes Briefing ist Geld wert. Lassen Sie ihm dann sein freies Spielfeld. Authentizität ist hier geboten. Er kennt seine Fans und weiß genau, wie er seine Follower antriggert.

4

Influencer-Marketing funktioniert in jedem sozialen Netzwerk anders. In manchen Socia-Media-Kanälen geht es vor allem um Fotos. Andere setzen ganz auf Videos oder die Kommentarfunktion. Im nächsten Lead-Loop® Kapitel werden Sie deshalb noch mehr über die Unterschiede der Social Media erfahren.

1. DIE TRIGGERPHASE

1.4 Online-Marketing

1.4

AUF DIE PLÄTZE, ~~FERTIG~~, LOS

Werbung, die durch das Internet realisiert wird, nennt man „Online-Marketing". Als wichtiger Teil einer umfassenden Werbestrategie spielt das Internet-Marketing heute eine tragende Rolle. Hierzu zählen z. B. Social-Media-Plattformen (wie Facebook, Instagram & Co), YouTube, Websites, Blogs, Online-Anzeigen u. v. v. v. m. Wer sich im Internet breit aufstellt, erhöht seinen Erfolg. Dies ist nicht anders als in der klassischen Werbung.

Warum ist das Internet so wichtig? Weil viele Kunden heute vor allem online aktiv sind. Schneller werben als online geht nicht!

In diesem Kapitel geben wir Ihnen die wichtigsten Vorteile mit auf den Weg. So sind Sie bestens für die digitale Welt gerüstet.

SCHNELLER ALS DER SCHALL

Ein Riesenvorteil des Online-Marketings ist, dass Sie die User in Echtzeit erreichen. Sobald Sie Ihre Zielgruppe kennen: Gehen Sie online!

MERKE:
Laut einer ARD-ZDF-Onlinestudie surfen 9 von 10 Deutschen täglich im Internet. Gemäß dieser Studie sind sogar fast 70 % der Ü-60-Jährigen regelmäßige Onlinenutzer.

Ihr Glücksfall: Auch Ihre Zielgruppe surft. Triggern Sie Ihre Kunden im Internet an! Eine weitere Werbemöglichkeit für Ihr Produkt oder Ihren Service in Echtzeit.

KEINE ANGST – ES SIND NUR TRIEBE

So komplex das Thema Internet auch scheint, hauptsächlich geht es um zwei Dinge: suchen (bzw. finden) und (mit-)teilen.
Der Grund hierfür liegt in tief verwurzelten, menschlichen Trieben:

Suchen (bzw. finden) = Jäger und Sammler
(Mit-)teilen = soziales Wesen und Kommunikation

SUCH!

Man sucht ein Hotel, eine Reise, einen Partner, Businesskontakte, Aktienfonds, Ernährungstipps, das beste Handy u. v. m.
Was sagt uns das? Im Internet findet man alles. Und so verschieden die Menschen sind, so unterschiedlich ist ihre Suche.

TIPP:
Denken Sie wie der User. Nur wenn Sie verstehen, wie er nach Ihrem Produkt oder Ihrer Dienstleistung sucht, kann er Sie finden. Passen Sie Ihre Online-Präsenz an die Sprache und das Denken Ihrer Internet-Kunden an. Sorgen Sie dafür, dass man Sie gut findet.

(AUS-)TEILEN, ABER RICHTIG

Teilen ist der zweite Trieb. Menschen sind soziale Wesen. Sie wollen dazugehören. Sie wollen Anerkennung und Verbundenheit.

Deshalb teilen Menschen die unterschiedlichsten Dinge. Manch einer teilt Fotos seines Mittagessens, Urlaubsortes, Autos oder seiner Kleidung. Oft sogar (nur) seine Meinung. Ob sie gefragt ist oder nicht. Dank der Social-Media-Kanäle und ihrer stetig wachsenden Anhängerschaft ist dies sehr schnell und einfach möglich.

TIPP:
Sorgen Sie nicht nur dafür, dass man Sie gut *findet*, sondern auch, dass man Sie *gut* findet.
So geben Sie Ihren Usern die Möglichkeit, Ihre Produkte oder Dienstleistungen zu teilen.

SOCIAL MEDIA – DIE SOZIALEN MEDIEN

Ah! Sozial!

Zunächst sollten Sie sich der Dimension der Social Media bewusst werden.

Deshalb ein paar Zahlen vorweg – 60 Sekunden der Social-Media-Welt:

- 2.780.000 Klicks auf YouTube
- 701.389 Logins auf Facebook
  (Nicht auszurechnen, wie viel Posts es auf Facebook gibt.)
- 527.760 geteilte Fotos auf Snapchat
- 38.149 Posts auf Instagram

Und das in nur einer Minute!

Social Media sind ein Phänomen. Der Kunde kann hier perfekt angetriggert werden. Im Gegensatz zur klassischen Werbung wirkt Marketing in den Social Media oft sehr subtil. Es arbeitet mit dem Unterbewusstsein der User. Hier liegt die große Chance des Verkaufs. Neuromarketing ist das Stichwort.

Gleichzeitig steckt darin aber auch die große Herausforderung. Denn die Internetcommunity schätzt Aufrichtigkeit und Authentizität. Was unecht wirkt, wird links liegen gelassen. Kein Klick, kein Like. Likes sind übrigens die Komplimente des digitalen Zeitalters. Daumen hoch, der Beitrag lebt. Jedes Mal, wenn Ihr Beitrag geliket wird, wird er automatisch wie im Schneeballsystem verbreitet. Somit triggern Sie auch Neukunden an.

„Mehr als 60 % der Deutschen sagen, dass ein Leben ohne Internet für sie unmöglich wäre. Wer sich einmal an die neue Welt gewöhnt hat, kann nicht mehr darauf verzichten."

SPARFÜCHSE UND INTERNET – PERFEKTER DOPPELPACK

Ein großer Pluspunkt von Facebook & Co: Die Grundausstattung ist kostenfrei.
Sie müssen keinen Mindestbeitrag, Teilnahmegebühr oder Ähnliches investieren. Dennoch haben Sie die Möglichkeit, Werbebotschaften zu platzieren. Und zwar solche, die maßgeschneidert auf Ihre Zielgruppe sind.

Ein weiterer Pluspunkt: Sie erreichen nicht nur Ihre sogenannten Freunde, sondern auch die Freunde der Freunde durch das Teilen der Posts. Erinnern Sie sich an die zuvor beschriebenen Triebe! Schneller kann man gute Beiträge kaum verbreiten.

Der Aufbau eines Netzwerks funktioniert einfacher, als Leute auf einer Party anzusprechen. Senden Sie eine Freundschaftsanfrage und warten Sie auf die Bestätigung. Schon können Sie loslegen. Wenn der Schneeball einmal ins Rollen kommt, kann daraus schnell eine Erfolgslawine werden.

WICHTIG IST:
Lernen Sie die einzelnen Netzwerke genau kennen. Nutzen Sie deren Plattformen gezielt für Ihr Marketing. Jede Plattform bietet andere Möglichkeiten, deren Unterschiede wir im Folgenden erklären. Je breiter Sie Ihr Social-Media-Marketing aufspannen, desto erfolgreicher werden Sie. Sollten Sie dennoch irgendwann an Ihre Grenzen stoßen, dann gibt es entsprechende Agenturen, die Ihnen zur Seite stehen.

GANZ ODER GAR NICHT

Bevor wir uns dem Thema Facebook widmen, möchten wir gerne einen wesentlichen Punkt klären:
Wir erfahren sehr oft, dass Menschen sehr unsicher sind, ob Facebook für sie das richtige Medium zur Kundengewinnung ist. Der absolut wichtigste Punkt, der für jeden gelten muss, lautet: Entweder man macht es ganz oder besser gar nicht! Überlegen Sie sich also vorab, ob Sie langfristig und kontinuierlich die Muße haben, Ihre Facebookseite zu pflegen. Es gibt nichts Schlimmeres für einen User, als eine „tote" Facebookseite aufzufinden. So zeigt eine erschreckende Statistik, dass alleine in der Branche der Makler jeder 2. Facebook-Account inaktiv ist.

FACEBOOK

Freunde fürs Leben!

Beginnen wir mit dem größten sozialen Netzwerk: Facebook. Hier befinden sich derzeit über zwei Milliarden Menschen. Der Facebook-Daumen ist allgegenwärtig. Die natürliche Neugierde wird befriedigt. Das ist der Grund, warum Facebook oft süchtig macht und Menschen so stark fesselt.

4 TIPPS FÜR FACEBOOK ALS KOSTENFREIE WERBEPLATTFORM:

1

Posten Sie regelmäßig

Ihre Posts erscheinen bei all Ihren Facebook-Freunden. Hierbei entstehen Ihnen keine Druck- oder Portokosten wie bei der klassischen Werbung. Durch regelmäßiges Posten vertiefen Sie die Beziehung zu Ihren Freunden.

HIER GEHT'S UM EMPFEHLUNGSMARKETING!

2 Posten Sie Fotos und Videos

Das Auge ist zum Gucken gemacht und nicht zum Lesen. Verwenden Sie besser Fotos oder Videos mit einem knackigen Kommentar, denn der durchschnittliche Facebook-User entscheidet in weniger als einer Sekunde, welcher Beitrag ihn interessiert. Echtheit und Authentizität sind gefragt.

3 Nutzen Sie Kommentare

Alle Kommentare sind ein kostenfreies Feedback. Sie erfahren, ob Ihr Produkt oder Ihre Dienstleistung gut beim Kunden ankommt oder ob Sie etwas optimieren müssen.

4 Animieren Sie zum Teilen

Jeder Beitrag, der von einem Ihrer Freunde geteilt wird, erscheint zusätzlich bei all seinen Freunden. Stichwort: Schneeballsystem.

DER SIXT-KNIFF

Frechheit siegt!

Bei Sixt (Deutschlands Autovermietung Nummer 1) können Sie abgucken, wie Facebook effektiv funktioniert. Das Unternehmen ist für sein Realtime-Marketing (Marketing mit tagesaktuellen Anlässen) mit dem Deutschen Preis für Online-Kommunikation ausgezeichnet worden.

Ein Beispiel gefällig? Die Bahn treibt ihre Kunden (wenn auch unfreiwillig) durch Verspätungen und Ausfälle zu den Mietwagenfirmen. Also kürte Sixt den damaligen Bahnchef Weselsky frech zum Sixt-Mitarbeiter des Monats. Ein witziger, bissiger Facebook-Beitrag wurde als Eigenwerbung genutzt.

Ein weiteres Beispiel – dieses Mal als Retourkutsche: Die Bahn postete am Autofreien Tag 2016 auf Facebook: „Joa mei – des sixt heut nur bei uns." Hiermit warb sie für ihren Oktoberfest-ICE. Im Anzeigen-Text richtete die Bahn sich dann sogar persönlich an Sixt und schrieb: „Liebe Kollegen von Sixt rent a car, heute ist Autofreier Tag – daher sind wir am Zug ;-)"

Tja, da hatten sie nicht mit Sixt gerechnet. Noch am gleichen Tag antwortete Sixt auf Facebook: „Geraten Sie nicht unter Zug-Zwang!" Weiter hieß es humorvoll: „Liebe Freunde von Deutsche Bahn Personenverkehr, den Tag gönnen wir Euch. Zum Glück hat dieses Jahr noch 364 weitere ;-)"

Beide Posts verteilten sich innerhalb von Minuten im gesamten Netz. Die Folge waren viele Likes und neue Fans. Image unterstrichen, Originalität und Sympathie vermittelt. Weitere Buchungen garantiert. Kompliment, Sixt!

„Es geht längst nicht mehr darum, wer die meisten Fans & Follower auf seinen Social-Media-Kanälen hat. Heute ist das primäre Ziel von Social Media, die größtmögliche Reichweite sowie ein hohes Engagement mit relevanten, emotionalen und hochindividuellen Inhalten zu erzielen."

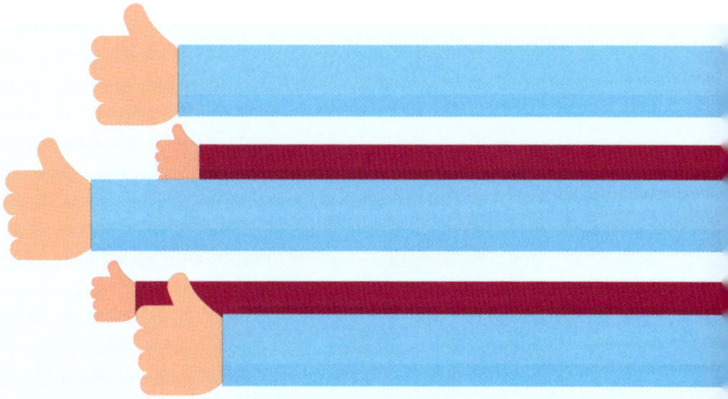

3 TIPPS FÜR IHREN OPTIMIERTEN FACEBOOK-AUFTRITT

1 Voll ins Schwarze

Erstellen Sie Ihre eigenen Zielgruppen. Sortieren Sie hierzu Ihre Facebook-Freunde in selbst benannte Gruppen, wie z. B. Musikliebhaber, Hundefreunde, Autofans etc. Mit Hilfe dieser Gruppen können Sie ab sofort Beiträge „nur" für ausgewählte Facebook-Freunde sichtbar machen. Das Interesse ist garantiert. So kreieren Sie langfristige Fans, und die Chance, Kommentare und Likes zu generieren, steigt.

2 Und Action

Eine Studie hat herausgefunden, dass Videos fast doppelt so viele Reaktionen erhalten wie Bilder oder Texte. Darunter sind Live-Videos besonders beliebt. Making-of-Videos (der Blick hinter die Kulissen) funktionieren z. B. hervorragend. Wenn Sie ein Event wie einen Tag der offenen Tür, eine Modenschau oder Ihre Büroeröffnung planen, stellen Sie umgehend ein Making-of-Video auf Facebook ein.

3 Qualitätsfetischist

Kein User möchte mit zu vielen Infos überschwemmt werden. Qualität statt Quantität ist das Ziel. Relevante Informationen, attraktiv verpackt – Infotainment ist das Stichwort. Eine Mischung aus Unterhaltung und Information kommt in Social Media am besten an. Überzeugen Sie z. B. durch smarte Erklärvideos oder ansprechende Infografiken.

DIE USER-FOTO-KAMPAGNE

Gipfelstürmer

Wir möchten Ihnen eine Social-Media-Kampagne schildern, die für einen Kunden von uns durch die Decke ging.

Das mittelständische Unternehmen ist seit Jahren auf Facebook und Instagram vertreten. Es platziert regelmäßig Posts, wenn Produktneuheiten erscheinen oder Testberichte veröffentlicht werden. Pro Post geht der Daumen durchschnittlich 100 Mal hoch.

„Da ist mehr drin!", sagten wir uns. Also entwickelten wir eine Kampagne, die das Ziel hatte, eine große Eigendynamik zu entwickeln. Die Follower sollten unseren Post so interessant finden, dass sie ihn aktiv weiter teilen. Warum? Damit wir uns auch die User angelten, die jenseits der eigenen Follower lagen (Schneeballprinzip).

Das Unternehmen plante einen neuen Jahreskalender. Das ist erst einmal nicht besonders spannend. Also hatten wir folgende Idee: Wir animierten die Follower, sich als Fotomodel zu bewerben. Als zusätzlichen Anreiz gab es etwas zu gewinnen.

Der Plan ging auf! Die Follower animierten wiederum eigene Freunde und Bekannte, mitzumachen. Insgesamt erhielt die Kalender-Aktion sage und schreibe 224.000 Likes. Das sind 223.900 mehr als vorher. Mittlerweile haben die Posts sogar eine Reichweite von knapp einer Millionen Usern.

Bilanz der Aktion: ein Riesenerfolg! Eine originelle Idee mit hohem Verbreitungspotenzial. Viele positive Kommentare und etliche neue Fans wurden gewonnen. Die Platzierungskosten betrugen exakt 0,- Euro!

Jetzt sind Sie an der Reihe: Woran haben Ihre User Spaß? Wie können Sie diese animieren? Welche Aktionen starten Sie?

YOUTUBE

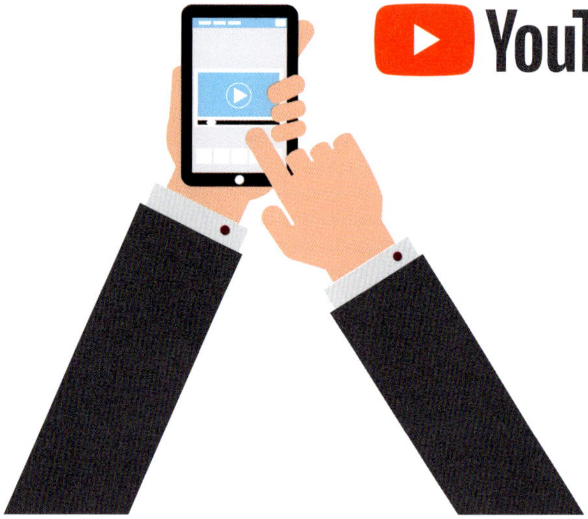

Gucken Sie nicht in die Röhre

YouTube war ursprünglich alleine für das Teilen von Videos im Familien- und Bekanntenkreis gemacht. Von einer weltweiten Videosammelstätte, für jegliche Bereiche des Lebens, war man damals weit entfernt. Heute ist es auf dem besten Weg, das klassische TV-Programm zu verdrängen.

Im Folgenden erklären wir Ihnen, wie Sie das heutige YouTube für Ihr Unternehmen nutzen können.

DIE ERKLÄRVIDEOS

Tut Tut Tutorial

Schaffen Sie mit einem Erklärvideo einen Mehrwert. Mit sogenannten Tutorials präsentieren Sie sich als Experte. Ein professioneller Ratgeber, dem auch Noch-nicht-Kunden vertrauen. Teilen Sie also Ihr Wissen. So schlagen Sie zwei Fliegen mit einer Klappe: Neukundenakquise und Bestandskundenbindung auf einen Streich. Clever!

Ein Altersvorsorgespezialist könnte beispielsweise ein Video zum Thema „Wie funktioniert das Rentensystem?" drehen. Oder ein Berater aus der Sicherheitsbranche könnte ein Video mit Tipps, wie man seine Wohnung richtig absichert, produzieren. In einem Erklärvideo können Sie sowohl selber vor die Kamera treten als auch Kooperationen eingehen. So arbeiten Kosmetikhersteller beispielsweise mit YouTubern zusammen, die Schminktipps geben. Oft werden hierdurch weitere Zielgruppen erreicht.

Solch eine Kooperation ist für beide Seiten von Vorteil. Der YouTuber bekommt gratis Material zur Verfügung gestellt oder ein Honorar ausgezahlt. Das Kosmetikunternehmen profitiert von den Fans des YouTubers und vom Verkauf der gezeigten Produkte.

DER VERRÜCKTE PROFESSOR

Let me entertain you(tube)

Auf YouTube wird Entertainment ganz großgeschrieben. Dies nutzt überragend ein Mixer-Hersteller aus den USA. Das Kaufversprechen „Dieser Mixer zerlegt alles" wird hier auf originelle Art und Weise vermittelt:
Ein fiktiver verrückter Professor zerkleinert mit Hilfe der Mixer die unterschiedlichsten Gegenstände. Der Clou: Keiner der Gegenstände gehört wirklich in einen Mixer. Oder würden Sie z. B. ein nigelnagelneues iPhone in einem Mixer zu Feinstaub zerschreddern?

Komplett verrückt, aber auf YouTube sehr beliebt. Die Fangemeinde ist riesig und die Videos werden alle millionenfach angeschaut. Das Coolste ist, dass der Professor nicht ein einziges Mal über die Mixer oder die Marke spricht. Dennoch fällt sofort auf, dass diese Mixer mit die stärksten sein müssen, die die Welt je gesehen hat.

VERSPROCHEN IST VERSPROCHEN

Überlegen Sie sich einen packenden Titel für Ihr Video. Geben Sie eine Art Leistungsversprechen ab. Etwas Positives, das sich im Leben des Users ändert, wenn er Ihr Video anschaut: „So begeisterst du deine Frau in 6 Minuten." Der Titel verkauft das Video.

HIER GEHT'S UM EMPFEHLUNGSMARKETING!

WHATSAPP

SMS war gestern

Bei WhatsApp kommunizieren hauptsächlich Privatpersonen – 1,3 Milliarden Menschen weltweit. Da jede Privatperson gleichzeitig auch ein Konsument ist, liegt hier ein riesiges Potenzial für Ihr Business.

WHATSAPP – WHAT ELSE?

4 Tipps, wie Sie WhatsApp für Ihr Online-Marketing optimal nutzen

1

Teilen-Button auf Ihrer Website

Bauen Sie einen WhatsApp-Teilen-Button auf Ihrer Website ein. Facebook- und Twitter-Buttons sind bereits oft Bestandteil von Websites. WhatsApp sollte unbedingt dazugehören. So können User auf Ihrer mobilen Website diese sofort Freunden und Bekannten empfehlen.

2

Persönliche Beratung

Kommunizieren Sie direkt über WhatsApp mit Ihren Kunden. Für Rückfragen und kurze Beratung bestens geeignet. Viele Sparkassen bieten mittlerweile ihren Kunden an, via WhatsApp mit ihnen Kontakt aufzunehmen. Ein direkter, persönlicher Weg zum Erfolg.

3

Schnelle Information

Nicht jeder checkt am Handy laufend seine E-Mails. WhatsApp hingegen liest jeder zwischendurch. Bieten Sie Ihren Kunden einen relevanten Service, der ihn jederzeit und überall erreicht. Ein Touristenservice in einem Skigebiet sendet beispielsweise per WhatsApp aktuelle Wettermeldungen und Warnhinweise sowie Pistenöffnungszeiten.

4

Newsletter mal anders

Versenden Sie besondere Informationen und Angebote doch einfach per WhatsApp an Ihre Kunden. Neue Wege geht da z. B. ein Restaurant: Kurz vor zwölf, wenn der Magen anfängt zu knurren, sendet es sein aktuelles Mittagsmenü via WhatsApp an seine Kunden. Genial! Besonders clever finden wir auch einen Blumenhändler, der seine Kunden via WhatsApp an wichtige bevorstehende Termine erinnert, beispielsweise kurz vor dem Hochzeitstag. Ein Fitnesscoach versendet Sprachnachrichten per WhatsApp, um seine Kunden durch persönliche Nähe zu binden. Als Ass im Ärmel verschickt er so immer den Tipp der Woche. Wenn die Kunden seine Stimme hören, fühlen sie sich motiviert, eine neue Trainerstunde zu buchen.

MERKE:
In der Desktop-Version, also am PC, hat der User üblicherweise kein WhatsApp. Da die User heutzutage jedoch meist auf mobilen Endgeräten surfen, benötigen Sie unbedingt eine mobile Version Ihrer Onlinepräsenz.

IN DER KÜRZE LIEGT DIE WÜRZE

Natürlich gibt es viele weitere Social-Media-Plattformen. Auf Grund des Umfangs wollen wir kurz auf die wichtigsten eingehen und Ihnen deren Hauptzielgruppen vorstellen.

TWITTER

Bei Ihnen piept's hoffentlich

Auf Twitter können Sie pro Post maximal 280 Zeichen schreiben. Es ist quasi der Telegrammstil der digitalen Welt. Zwar kann man heute auch Fotos und Videos auf der Plattform posten, aber diese Tools haben sich nicht wirklich erfolgreich durchgesetzt.

Gut ist, dass es ein interaktives Medium ist. Die User gehen auf Ihre Mitteilungen ein, erwarten aber auch eine Antwort. Das erfordert Engagement und Zeiteinsatz. Wenn Ihre Zielgruppe vornehmlich aus jungen, gebildeten Menschen, primär Männern, besteht, dann sollten Sie sich Twitter näher ansehen. Denn das ist laut Statistik der typische Twitter-User.

Selbst der US-Präsident nutzt Twitter, um die Welt und die Presse zu informieren.

HIER GEHT'S UM EMPFEHLUNGSMARKETING!

SNAPCHAT

Ritsch, ratsch, klick!

Für Snapchat gilt: Hier ist die Jugend! Dieses Format lebt von der Kurzlebigkeit der Dinge. Alles, was auf Snapchat eingestellt wird, ist nur für eine kurze, eindeutig definierte Zeit zu sehen und danach nicht mehr abzurufen.

Der ADAC machte sich den Spaß und ließ eine Woche lang Snapchat-User kurzlebige Einblicke in seine einzelnen Firmenbereiche nehmen. Betriebsgeheimnisse wurden hier natürlich nicht offenbart.

INSTAGRAM

Image ist Trumpf

Bei Instagram geht die Botschaft vor allem über Bilder und kreative Hashtags. Die Bilder sind zu 98 % mit einem in die App integrierten Filter bearbeitet. Denn sie zeigen das Leben meist, wie es sein sollte – nicht unbedingt, wie es ist. Hier geht es also um den Aufbau eines erfolgreichen Images.

Laut einer Instagram-Nutzerumfrage geben 60 % der User an, dass sie auf Instagram von neuen Produkten erfahren. Hier zeigen Likes die Beliebtheit eines Beitrags an. Eine Shop-Now-Funktion sorgt dafür, dass auf ein Like sofort eine Kaufaktion folgen kann. Fix angetriggert und direkt zum Kauf geleitet.

Das Thema Influencer ist auf Instagram riesig. Influencer beeinflussen die User und sprechen Empfehlungen aus. Dieses wichtige Internet-Phänomen wurde im Empfehlungskapitel genau erläutert.

BLOGGEN IST WIE JOGGEN

Blog könnte man mit dem Begriff „Internet-Tagebuch" beschreiben. Bloggen ist der Ausdauersport im Online-Marketing. Das Geheimnis liegt darin, sich selbst zur Kontinuität zu disziplinieren.

Werden Sie zum Blogger! Sie wissen etwas, das anderen Menschen helfen kann, deren Problem zu lösen? Tunen Sie Ihren Blog am besten noch mit Videos, um ihn attraktiv zu machen. Wenn Sie dann noch auf Ihrer Social-Media-Seite oder Ihrer Website auf Ihren Blog hinweisen, sind Sie im Online-Marketing schon ganz weit vorne.

Es ist dabei nicht zwingend erforderlich, anerkannter Experte zu sein. Auch Erfahrungswissen ist bei den Lesern sehr beliebt.

DIE TOP 3 THEMEN ERFOLGREICHER BLOGS

User interessieren sich primär für folgende Bereiche:

- Business/Finanzen/Erfolg
- Liebe/Partnerschaft
- Lifestyle/Fitness/Gesundheit

Mit einem Blog haben Sie ein tolles Instrument an der Hand, Ihre Kunden langfristig zu binden. Durch spannende Geschichten und relevante Informationen werden Sie auch Neukunden antriggern. Während sich Social-Media-Profile irgendwie alle optisch gleichen, kann ein Blog enorm zur Individualisierung Ihres Images beitragen. Das individuelle Design und die Gestaltung liegen nämlich ganz in Ihrer Hand.

BLOG MIT VIEL PS

Ein Berliner Taxifahrer bloggt regelmäßig seine Erlebnisse mit den Fahrgästen. Teils skurrile Begebenheiten, teils intensive, nächtliche Dialoge. Alle sind es wert, geteilt zu werden.

Hierdurch hat er sich in die Herzen vieler Menschen geschrieben und zahlreiche Stammgäste gewonnen.

DAS BLOG-SYSTEM WORDPRESS

Nutzen Sie das weltweit meist genutzte Blog-System Wordpress. Es ist einfach selber zu installieren und zu pflegen. Außerdem gibt es zahlreiche Gratis-Design-Vorlagen.

Benötigen Sie dennoch einmal professionelle Hilfe, stehen wir Ihnen gerne zur Seite.

Damit auch Sie einen erfolgreichen Blog ins Leben rufen können, müssen Sie relevante Inhalte (Content) erzeugen. Lernen Sie nun, wie Content-Marketing funktioniert.

CONTENT-MARKETING

Auf den Inhalt kommt es an

Das Zauberwort lautet Content-Marketing. Es entspricht dem Zeitgeist, Wissen zu teilen. Wissen ist Allgemeingut geworden. Es ist nicht mehr einer Elite vorbehalten, sondern es ist für jedermann im Internet erreichbar.

Viele Unternehmer und Dienstleister teilen ihr Wissen heute in der digitalen Welt. Sie werden als Experte wahrgenommen. Ihnen wird vertraut. Genau hier liegt der Grund, warum Content-Marketing funktioniert. Es wird eine Beziehung zum Kunden aufgebaut oder vertieft.

Nun sind Sie an der Reihe:

Teilen Sie Ihr Wissen online. Erklären Sie Lösungsansätze. Geben Sie Tipps. So werden Sie als Experte wahrgenommen.

Das Gute kommt jetzt:

Wenn einer Ihrer Leser ein Problem in Ihrem Fachbereich hat, sind Sie der Erste, den er anspricht. Warum? Weil er Ihnen fachlich vertraut.

CONTENT ZUM SATTWERDEN

Das Prinzip des Content-Marketings gibt es übrigens nicht erst seit dem digitalen Zeitalter. Das kennen Hausfrauen schon seit mehr als hundert Jahren! Da gibt es nämlich eine Firma, die nennt sich Dr. Oetker (ein Doktortitel im Namen – super vertrauenserweckend, oder?). Eigentlich verkauft dieses Unternehmen Backzutaten. Aber was macht Dr. Oetker clevererweise? Sie sorgen für relevanten Content. Wie? Ganz großzügig ist auf nahezu jeder Packung ein Rezept abgedruckt.

Seit 1911 (!) gibt es im Handel sogar eigene Kochbücher. Das ist pures Content-Marketing. Denn sie funktionieren und helfen der Hausfrau. Wenn sie dann eines der Rezepte nachkochen oder -backen möchte, ja was braucht und kauft sie dann? Natürlich Dr. Oetker Produkte. Kunden erreicht – angetriggert und gefangen.

BAUERNSCHLAUES MARKETING

Ein weiteres Beispiel für gelungenes Content-Marketing bietet John Deere. Der Landmaschinenhersteller bringt seit 1885 (!) ein Magazin heraus. Es enthält Themen, die für Landwirte von Bedeutung sind. Werbung und Verkauf stehen hierbei nicht im Fokus, dafür clever im Hintergrund. Die Landwirte profitieren von diesem Magazin, das unter anderem Best-Practice-Beispiele und die neuesten Trends enthält. Und ganz nebenbei kommen natürlich auch Produkte von John Deere darin vor.

FÜR CONTENT-KÖNNER

Was lernen wir daraus? Content-Marketing gibt es schon sehr lange. Es funktioniert sowohl offline als auch online. Wichtig ist der relevante Content. Platzieren Sie Ihren Content am besten medienübergreifend: in Printmedien, Ihrem Online-Blog, auf Ihrer Website und Ihren Social-Media-Kanälen.

Überlegen Sie, welches Wissen Sie mit Ihren Kunden teilen können. Was interessiert und beschäftigt diese? Wie können Sie helfen, das Leben Ihrer Kunden schöner, leichter und erfolgreicher zu machen?

6 TIPPS FÜR IHRE PUNKTLANDUNG IM CONTENT-MARKETING

1. Definieren Sie Ihre Zielgruppen: Alter, Geschlecht, Lebenssituation etc.
2. Stellen Sie sich Ihre typischen Käufer vor und erstellen Sie unterschiedliche Inhalte für separate Zielgruppen
3. Definieren Sie Ziele für Ihr Content-Marketing
4. Definieren Sie Ihr Alleinstellungsmerkmal – machen Sie sich einzigartig
5. Wählen Sie nur Themen aus, in denen Sie als Experte glänzen
6. Platzieren Sie Ihre Themen gezielt in geeigneten Online- und Offline-Plattformen

GRATIS CONTENT-MARKETING-WORKSHOP FÜR MITTELSTÄNDLER

Sie sind ein mittelständisches Unternehmen und suchen einen professionellen Partner zum Erstellen Ihrer Content-Marketing-Strategie?

Dann sprechen Sie uns an:
service@roger-rankel.de

ACHTUNG ERFOLG!

FAZIT:

Online-Marketing wirkt zunächst sehr komplex. Doch es ist wie beim Joggen: Wenn man die ersten Meter geschafft hat, kommt die Routine. Je mehr Sie sich mit diesem Thema beschäftigen, desto schneller fallen Ihnen Ideen ein, Ihre Kunden gezielt anzutriggern.

Und erinnern Sie sich an den Aschenputtel-Trick aus der Einleitung. Weniger ist manchmal mehr. Konzentrieren Sie sich auf das Wesentliche.

Denken Sie immer daran: Jeder Trigger ist der Beginn einer Kundenreise!

1. DIE TRIGGERPHASE

1.5 Klassische Werbung

1.5

OLDIE, BUT GOLDIE

Ein Klassiker ist zeitlos. Erst, wenn sich etwas kontinuierlich bewährt hat, ist es klassisch. Alles, was es in der Werbung gab, bevor das Internet existierte, nennt man klassische Werbung.

Viele Kunden wurden bereits Jahrtausende, bevor es Online-Marketing gab, von klassischer Werbung angetriggert. Die Methoden sind gleich geblieben und auch heute im Online-Marketing brandaktuell.

Der Unterschied: Die klassische Werbung hatte, im Gegensatz zum Online-Marketing, Zeit, sich zu entwickeln. Ein Beispiel gefällig? Seit jeher gibt es Marktschreier, die ihre Waren lautstark anpreisen. Selbst das ist klassische Werbung. Das marktschreierische „Um-Aufmerksamkeit-Buhlen" erkennt man sogar in der Online-Werbung wieder. Dort springen dem User z. B. Preisaktionen auffällig entgegen.

SPANNENDES WISSEN:

Wussten Sie, dass der Begriff „Slogan" aus dem Keltischen stammt und einen Schlachtruf bezeichnet?

Stürzen wir uns nun also in die Schlacht der klassischen Werbung. Durch die tausendjährige Entwicklung gibt es viele Erkenntnisse, mit denen wir auch heute den Umsatz ankurbeln.

Neurowissenschaftler wissen, wovon und warum sich unser Gehirn besonders angesprochen fühlt. Die Psychologie fließt deshalb immer stärker und bewusster in moderne Marketingstrategien mit ein. Dank dieses Wissens ist es möglich, die Kundenreise als spannendes Erlebnis zu gestalten.

RADIOWERBUNG

Der Mann im Ohr

Radio ist ein sehr geschicktes Medium, um ins Unterbewusstsein des Konsumenten vorzudringen.
Wie funktioniert das? Nehmen wir das Beispiel Radiohören während der Autofahrt: Ihre Augen konzentrieren sich vermeintlich auf den Verkehr. Man sollte nun vermuten, dass Sie für Werbung nicht empfänglich sind. Das Gegenteil ist jedoch der Fall. Denn Autofahren ist eine Routine und Ihre weiteren Sinne sind offen für Informationen.

Besser geht es gar nicht: Sie sitzen in einem geschlossenen Raum, mit bester Beschallung. Was Ihr Ohr jetzt aufnimmt, geht direkt ins Gehirn. Übrigens: Deshalb ist Radiowerbung in der Satzmelodie des Sprechers fast schon emotional übertrieben. Achten Sie einmal darauf. Der Sinn „Hören" wird so bestmöglich stimuliert. Nicht umsonst lautet der Slogan einer Aktion für Radiowerbung selbst: „Geht ins Ohr, bleibt im Kopf."

TIPP:

Radiowerbung ist effiziente Werbung: kostengünstig und regional möglich. Unter www.radiozentrale.de finden Sie deutschlandweit alle (Regional-)Sender und deren Ansprechpartner.

Bezüglich der Konzeptionierung Ihrer Radiowerbung denken Sie immer an die bereits erläuterten Stichworte „Infotainment" und „Storytelling". Je unterhaltsamer Ihre Werbung ist, desto länger bleibt sie im Kopf.

TV, UND ZWAR TOTAL

In der Fernsehwerbung werden die Sinne Sehen und Hören perfekt kombiniert. Der aktuelle Trend lautet dabei Emotionalisierung und Storytelling. Denn auf diese Art und Weise wandern Informationen auf direktem Weg auch hier ins Langzeitgedächtnis.

Achtung Falle: Was ist, wenn Konsumenten aus der Werbepause plötzlich eine Toilettenpause machen? Wenn also der Platz auf dem Sofa für die wertvollen Sendeminuten verlassen wird?

Uns ist sicher allen schon aufgefallen, dass der Ton am Fernseher lauter wird, wenn die Werbung beginnt. Clevere Strategie. Also keine Angst, das Ohr hört trotz ein paar Metern mehr Entfernung weiter zu und speichert die Informationen artig ab. Die Konzentration aufs Zuhören steigt nachweislich sogar gegen Ende der Werbepause an. Warum? Weil man die Fortsetzung des Programms nicht verpassen möchte.

MERKE:

Auch wenn der Kunde nicht im Raum ist, ist er dennoch zu erreichen. Fernsehwerbung hat ihren Preis. Dieser variiert jedoch stark wegen folgender Punkte:

- Wann wird der Spot gesendet?
- Wie oft wird der Spot gesendet?
- Wie lange dauert der Spot?
- Auf welchem Sender wird der Spot ausgestrahlt?

TIPP:

Wir empfehlen Ihnen, sich genau zu informieren, welche Sender Ihre jeweilige Zielgruppe bevorzugt und welche Sendungen ihr entsprechen. So können Sie Ihr Produkt gezielt platzieren.

Ein Beispiel: Im Kinderprogramm wird vermehrt Werbung geschaltet, die die Zielgruppe Mütter, aber gleichzeitig auch Kinder antriggert. Vom Kinderspielzeug bis hin zum Waschmittel ist die Bandbreite genau zugeschnitten.

Sind Sie dennoch der Meinung, dass TV-Werbung Ihr Budget sprengt, dann haben wir im Folgenden eine geniale Idee für Sie.

VORHANG AUF

Lust auf den großen Auftritt? Präsentieren Sie sich mit Ihrem Unternehmen kostenfrei in einem TV-Format. Bei der Start-up-Sendung „Die Höhle der Löwen" auf VOX geht es den wenigsten Unternehmen ausschließlich um einen Deal. Klar, so ein Deal ist ein besonderes Highlight, wenn es dazu kommt. Aber vielmehr wird in dieser TV-Sendung die breite Öffentlichkeit gesucht, um das Produkt oder die Idee bekannt zu machen. Dies ist kostenfreie Promotion mit einer Einschaltquote, von der jeder Werbespot nur träumen kann. So sind schon viele Erfolgsgeschichten gestartet.

Überlegen Sie doch einmal, mit welchem Ihrer Produkte Sie das Interesse eines Sendeformates gewinnen können. Dies funktioniert übrigens nicht nur bei der „Höhle der Löwen". Zahlreiche Magazine und Talkshows suchen immer nach interessanten Beiträgen.

LICHT AUS – KINO-WERBUNG

Es gibt eine geniale Alternative zur Fernsehwerbung. Die wenigsten denken daran: Kinowerbung. Bezahlbar und regional. In einem abgedunkelten Saal ist die Aufmerksamkeit komplett auf die Leinwand gerichtet. Alle sind positiv gestimmt und freuen sich auf den Film. Beste Situation, um seine Werbung zu platzieren. Es gibt Zuschauer, die genießen Kinowerbung geradezu. Andere kommentieren diese, wie Fans.

Ein Slogan für Kinowerbung: „Besser, als Sie denken. Günstiger, als Sie denken." Genau so ist es.

Aus unserer Erfahrung heraus wissen wir, dass die meisten Unternehmen, die wir beraten durften, überrascht waren. Warum? Weil Kinowerbung vergleichbar günstig ist. Hier ist viel Potenzial vorhanden für mittelständische Unternehmen, Einzelfirmen oder Dienstleister. Ein tolles Tool mit regionaler Reichweite. Kino ist Genuss und Unterhaltung pur. Wie wäre es denn, wenn Sie „Der Berater aus der Kinowerbung" wären ...? Als Erzählstory ein Highlight.

TIPP:
Sie gehören einem Verband an? Erkundigen Sie sich nach Möglichkeiten, wie dieser Sie unterstützen kann. Oft gibt es vorbereitete Kino-Spots, die am Ende den Kontakt des regionalen Ansprechpartners zeigen.

DIE PRINT-WERBUNG

Druckvoll und handfest

Zur Printwerbung gehören natürlich Anzeigen, Flyer, Visitenkarten u. Ä. Aber auch Großformatiges wie Plakate, Schilder oder Außenwerbung ist hier zuzuordnen. Diese Form der Werbung ist eine der ältesten.

HUMORVOLLES BEISPIEL:

Die zehn Gebote wurden in Steintafeln gemeißelt. Im Grunde der erste Flyer. Wenn auch ein zugegebenermaßen sehr schwerer. Aber die Funktion ist die gleiche: Weitergabe von Informationen.

DER FLYER

Der Überflieger

Der Flyer ist bis heute eines der beliebtesten Printprodukte. Aber warum heißt der Flyer eigentlich Flyer? Hierzu ein wenig Historie: Angefangen hat alles mit Flugblättern. Bereits im Mittelalter wurden wichtige Informationen auf dem Marktplatz unter das Volk geworfen. Zu Zeiten des Krieges wurden Informationsblätter aus dem Flugzeug geschüttet. Der Flyer war geboren.

Vorteile, die der Flyer für Ihr Marketing bietet:

- eine günstige Art, viele Leute zu erreichen
- geeignet für kleine Einzelfirmen bis hin zu großen Konzernen
- dank Internetdruckereien sehr kostengünstig

Für die Verteilung von Flyern haben Sie vielfältige Möglichkeiten:

- Auslegen am Point of Sale
- Platzierung bei Beratungsgesprächen auf dem Tisch
- Beilage von Briefen
- Beilage von Tageszeitungen und Wochenzeitungen
- u. v. m.

Selbstverständlich können Sie Ihre Flyer auch per Hand verteilen (lassen). Wenn Sie sich hierzu entschließen, hat das sogar den Vorteil, dass Sie Ihre Zielgruppe konkret ansteuern können. In Urlaubsorten kann man dieses Prinzip exzellent beobachten. Wer bekommt einen Flyer von der angesagten Disco am Ort? Wohl eher nicht die vorbeiziehenden Senioren.

TIPP:

Arbeiten Sie ganz gezielt mit der Spezifizierung Ihrer Zielgruppen. Erstellen Sie z. B. einen Flyer, der sich konkret an Familien richtet. Verteilen Sie ihn ausschließlich an Erwachsene mit Kindern. Das ist effektiv und kostensparend gleichzeitig.

Übrigens genauso durchgeführt von der Sparkasse: Auf einem Straßenfest, einem Ereignis, das Familien anzieht, wurde folgender Flyer verteilt: Zu sehen war ein kleines Mädchen, das sich auf der weißen Ledercouch mit bunten Farbspritzern kreativ verewigt hatte. Dazu der Text „Lächeln ist einfach ... wenn einem der Finanzpartner spontan mit einem Kredit helfen kann.“ Das Ganze verbunden mit einem rückseitigen Coupon für eine persönliche Beratung.

JETZT SIND SIE AN DER REIHE

1. **Ereignis finden**
   Überlegen Sie, welches Ereignis für Ihre Kunden ein Trigger sein kann.
   Denken Sie hierzu an unser Kapitel 1.1 Ereignisse

2. **Ihr Produkt / Ihre Dienstleistung**
   Welches Produkt oder welche Dienstleistung wollen Sie bei diesem Ereignis am Kunden platzieren?

3. **Zielgruppe definieren**
   Konkretisieren Sie eine Zielgruppe, die Sie antriggern wollen.

4. **Flyer kreieren**
   Mit welcher Story können Sie Ihr Produkt interessant machen?
   Entwickeln Sie passendes Bild- und Textmaterial.

5. **Flyer verteilen**
   Verteilen Sie Ihre neuen Flyer ausschließlich an Ihre definierte Zielgruppe.

DIE FARMING CARD

Geo? Logisch!

Haben Sie schon einmal darüber nachgedacht, Ihren Kunden aus einer bestimmten Region einen Flyer per Post zukommen zu lassen? So einen Flyer nennen die Profis Farming Card. Der amerikanische Begriff „Farm“ bezieht sich auf die geographische Zuweisung einer Zielgruppe.

Zur Versendung gibt es unterschiedliche Möglichkeiten. Von Postwurfsendungen haben Sie sicherlich schon gehört. Die „normale“ Postwurfsendung geht pauschal an alle Haushalte eines Zustellgebiets.

Sie möchten Ihre Werbung günstiger verteilen? Dann empfehlen wir Ihnen den Einwurf per Tagespost. Das bedeutet, dass nur die Haushalte Ihre Werbung erhalten, die ohnehin Post bekommen. Dadurch haben Sie erhebliche Kosten gespart, denn der Briefträger läuft keinen Extraweg nur für Sie.

Sie fragen sich, warum Sie überhaupt Zeit und Geld in so eine Aktion stecken sollten, um Leute anzutriggern? Hier die Antwort:

DIE 5 GROSSEN VORTEILE VON FARMING CARDS

1

Briefkastenkonkurrenz war gestern

Briefkästen sind heutzutage eher leerer als früher. Das ist enorm hilfreich für die Aufmerksamkeit Ihrer Werbung.

2

Das berührt Ihren Kunden

Werbung soll möglichst viele Sinne ansprechen. Nutzen Sie auch den Tastsinn. Ihr Kunde hält die Farming Card in seinen Händen. Sie berührt ihn. Real wie auch emotional.

3

Lebensdauer

Ihr Kunde hat die Möglichkeit, die Farming Card aufzubewahren. Besonders lohnenswert, wenn sie z. B. einen Rabatt-Coupon enthält.

4 Eine wertschätzende Werbeform

Ihr Kunde weiß, wie kostengünstig man heute im Internet werben kann. Eine greifbare Werbung ist dagegen eine Investition und signalisiert: „Lieber Kunde, Sie sind mir das wert!“

5 Regional statt global

Ein großer Vorteil ist die regionale Adressierung Ihrer Werbung. Je genauer Ihre Marketing-Maßnahme dbzgl. konzipiert ist, desto genauer treffen Sie Ihre Zielgruppe. Nutzen Sie das Potenzial, das in Farming Cards liegt. Zeigen Sie Präsenz in Ihrer Region.

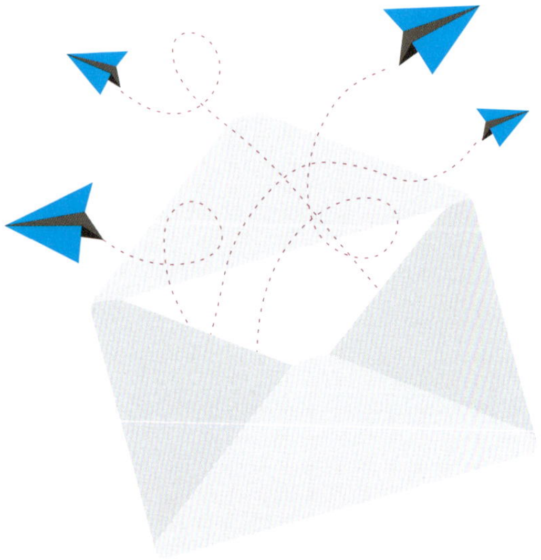

SUPERDEAL FÜR IMMOBILIENMAKLER

Gehen Sie auf Nummer sicher. Nutzen Sie erfolgreich 12 optimal konzipierte Farming Cards. So erreichen Sie Ihre potenziellen Kunden konstant 1 Jahr lang. Sie erhalten bequem die fertigen 12 Layouts mit Ihren eigenen Kontaktdaten zum Lead-Loop® Sonderpreis von 399,- Euro.

Bei Interesse senden Sie uns einfach eine E-Mail mit dem Betreff „Superdeal für Immobilienmakler“ an service@roger-rankel.de.

DIE ANZEIGEN-WERBUNG

Quadratisch – praktisch – klug

Wie bei jeder Werbung gilt auch hier: Sprechen Sie Ihre Zielgruppe möglichst genau an. Hierzu sollten Sie Folgendes beachten. Wählen Sie das Magazin oder die Zeitschrift, in der Sie Ihre Anzeige schalten möchten, präzise aus. Je besser Ihnen das gelingt, desto effektiver greift Ihre Werbung. Wenn Sie z. B. eine Kfz-Werkstatt führen, wählen Sie ein Automagazin.

Dauerhaft knackig

Kommen Sie bei der Gestaltung Ihrer Anzeige auf den Punkt. Prägnanz wirkt professionell. Und schalten Sie Ihre Anzeige regelmäßig. Ein Kunde, der heute noch keinen Bedarf hat, kann diesen im nächsten Monat haben. Dann jedoch liegt Ihre alte Anzeige wahrscheinlich schon im Papiermüll.

MERKE:
Dass Anzeigen sehr sinnvoll sind, sehen Sie daran, dass sogar Online-Pioniere wie Facebook und Google in Zeitschriften und Magazinen werben.

TIPP:
Redakteure freuen sich oft, wenn man ihnen Arbeit abnimmt. Wie wäre es, wenn Sie einen redaktionellen Artikel über Ihr Thema schreiben? Oft bekommen Sie diesen zur geschalteten Anzeige gratis dazu. Eine Psychotherapeutin nutzt diesen cleveren Kniff. Sie schreibt regelmäßig in einem Wochenblatt kleine Beiträge über harmonisches Miteinander. Auf der gleichen Seite wird ihre Anzeige platziert. Wen rufen die Leser an, wenn sie ein Problem haben? Genau! Diese Psychotherapeutin.

DIE EVENTS

Partyyyyy!

Menschen wollen etwas erleben. Im Idealfall mit Ihnen. Gemeinsam verbrachte Zeit ist wertvolle Zeit. Denn hier stehen Emotionen im Mittelpunkt. Und diese schaffen Bindung. Events haben bei Emotionen die Nase ganz weit vorn. Musik, Stimme, Geruch, Schmecken, Berühren, Sehen, persönlicher Kontakt mit Ihnen und dem Produkt – das alles ist sinnvoll und voll mit Sinnen. Damit berühren Sie Ihre Kunden und binden sie.

Die Palette der Möglichkeiten reicht hier von klein bis sehr groß. Sie können einen Tag der offenen Tür, ein Messe-Event oder z. B. ein Pop-Konzert veranstalten. Ihrer Fantasie sind hierbei keine Grenzen gesetzt.

MÖGE DAS EVENT MIT EUCH SEIN

Kennen Sie z. B. die Star-Wars-Convention? Die Fans fiebern bereits Wochen im Voraus auf dieses Event hin. Sie kaufen schon im Vorfeld reichlich Fanartikel. Auf der Convention selber kaufen sie weitere Artikel, die ausschließlich dort zu haben sind. Zuhause angekommen, wird das Event weiter zelebriert. Eine solche treue Fangemeinde wünscht sich jeder Unternehmer.

ÜBERSCHLAGENDE EREIGNISSE

Ein Versicherungsmakler hatte für seinen Tag der offenen Tür eine zündende Idee. Er stellte einen Überschlagsimulator auf den Hof. Die Besucher standen Schlange, um dieses Adrenalin geladene Erlebnis auszuprobieren. Was für eine Gaudi! Am Ende des Tages zählte der Versicherungsmakler zufrieden seine neu gewonnenen Kundenkontakte und Abschlüsse bei Kfz-Unfallversicherungen.

ERFOLGSSTYLING

Ein Friseur veranstaltete an seinem Tag der offenen Tür einen Wettbewerb in zwei Sparten:

1. Sein Friseurteam stylte die Besucher.
2. Die Kunden durften sich mit seinen Styling-Produkten (die er natürlich auch verkauft) selbst frisieren.

In beiden Sparten wurde ein Gewinner gekürt. Viel Spaß für alle Beteiligten. Der Bonus: Sogar die Regionalzeitung war begeistert und berichtete darüber.

EINFACH HIN UND WEG

Events können auch überraschend und kurz sein. Stellen Sie sich vor, Sie gehen nichtsahnend in der Fußgängerzone spazieren. Plötzlich stürmen von allen Seiten Tänzer in die Menge. Musik ertönt und Sie erhalten eine tolle, kostenlose Darbietung, in der Sie mittendrin sind. Am Ende überreichen die Tänzer Ihnen einen Info-Flyer. Anschließend verschwinden die Akteure genauso schnell, wie sie aufgetaucht sind.

Eine kleine Tanzschule hat nach diesem Flashmob-Prinzip einen überraschenden Auftritt hingelegt, der alle Zuschauer beeindruckt hat. Am Folgetag hagelte es Neuanmeldungen für die Hip-Hop-Kurse.

STILLE WASSER

FERI, ein Unternehmen aus dem Fachbereich Vermögensmanagement, geht einen leisen Event-Weg. Alljährlich veranstaltet es in edler Atmosphäre seine sogenannten „Herbstgespräche", zu denen sogar schon Altkanzler Gerhard Schröder eingeladen war. Wertvolle Informationsvermittlung mit hohem Qualitätsanspruch.

AUF GLÜHENDEN KOHLEN

Machen Sie es wie ein Berater aus Tübingen. Dieser feiert einmal pro Jahr sein spezielles „Empfehlungsgeber-Barbecue". Dazu lädt er seine echten Fans und Fürsprecher in seinen eigenen Garten ein. Näher geht es kaum. Denn wer seine Privatsphäre öffnet, hat keine Kunden mehr, sondern persönliche Gäste. Die Stimmung ist einzigartig. Wer einmal dabei war, will immer dabei sein. Gelebte Loyalität.

STARTEN SIE JETZT

Ein Event zu veranstalten, ist als großes Unternehmen ebenso möglich wie als Einzelfirma. Doch egal in welchen Dimensionen Sie planen, das Ganze braucht ein gutes Konzept. Eine Hüpfburg für Kinder hinzustellen ist nett, aber mittlerweile doch recht gewöhnlich.

Deshalb fragen Sie sich als Erstes: Welche besonderen Highlights können Sie Ihren Kunden bieten? Was lockt diese zu Ihnen?
Verbinden Sie diese Highlights als Zweites mit Ihren Produkten und Dienstleistungen.

DAS SPONSORING

Für Rampensäue

Events bieten die Möglichkeit, Sponsoren einzubinden oder selbst als solcher aufzutreten. Sponsoring funktioniert. Das sieht man an Red Bull. Das Energydrink-Unternehmen hat sich durch abgefahrene Events einen Namen in der Risikosport-Szene gemacht.

Denken Sie z. B. an den Sprung von Felix Baumgartner aus dem Weltraum. Red Bull sprengt die Grenzen des Möglichen und verleiht … na, Sie wissen schon. Dieses Event wurde weltweit im TV übertragen.

Auch im Fußball, global Sportart Nummer 1, spielt sich Red Bull gerade ganz nach oben. Durch das Sponsoring des RB Leipzig und RB Salzburg beweist es nicht nur Risikofreude, sondern auch Qualität.
Red Bull positioniert sich in allen Beispielen als starke Marke, um sein Image auszubauen.

TIPP:
Sie brauchen ja nicht gleich den Iron Man auf Hawaii oder den FC Bayern zu sponsern. Vielleicht rennen Sie bei Ihrem Heimatsportverein offene Türen ein, wenn Sie sich als Trikot-Sponsor anbieten. Auch hier können Sie kundennah punkten.

FAZIT:

Mit klassischer Werbung triggern Sie Ihre Kunden auf vielfältige Weise an. Nutzen Sie die uneingeschränkten Möglichkeiten der Medien: vom Radio- oder TV-Spot, der kleineren Kinowerbung, den Printmedien bis hin zu den Events und dem Sponsoring.

Das Besondere an den klassischen Medien ist, dass alle Sinne angesprochen werden können. Nutzen Sie dies bewusst für Ihren Erfolg! Suchen Sie sich die Maßnahmen heraus, mit denen Sie Ihre Kunden am besten erreichen.

Denken Sie immer daran: Jeder Trigger ist der Beginn einer Kundenreise!

2. DIE RECHERCHEPHASE

2.1 Kompetenzcheck

2.1

DER KOMPETENZCHECK

1:0 für Sie

Sie haben jetzt die erste Phase Ihrer Ausbildung (Triggerphase) erfolgreich absolviert. Jetzt treten Sie in die Recherchephase ein. Ihr Kunde hat ein klares Anliegen: Er WILL finden. Ihre Aufgabe ist es jetzt, dass er genau SIE findet.

Vorsicht!

In der Recherchephase gehen die meisten Kunden verloren. Warum? Es gibt extrem viele Produkte und Dienstleistungen, online und offline. Der Kunde merkt, je länger und tiefer er recherchiert, desto grenzenloser wird das Angebot.
In diesem Überangebot trifft der Kunde jedoch nur EINE einzige Kaufentscheidung. Die Herausforderung besteht für Sie also darin, dass er die Entscheidung zu Ihren Gunsten trifft.

Die Lösung: Bieten Sie Ihrem Kunden genau das, was er sucht. Klingt einfach? Ist es auch.

Kompetenz? Check!

Ihr Kunde möchte Kompetenz begegnen. Sie erinnern sich? Experten überzeugen, analog und digital. Ihr Internetauftritt ist dabei ein perfektes Mittel, um Kompetenz auszustrahlen.

Internetauftritt, da steckt das Wort Auftritt drin. Die meisten denken bei Auftreten an das persönliche Auftreten. Ihre Website jedoch dient auch als Ihr Ich. Ihr digitales Ich. Sie ist entsprechend wichtig in der Außendarstellung. Der große Unterschied zum persönlichen Auftreten ist folgender: In einem persönlichen Verkaufsgespräch sehen Sie sofort die Aktion Ihres Gegenübers. Also reagieren Sie in Echtzeit. Im Internet fehlt Ihnen diese Möglichkeit. Sie sollten also unbedingt Ihre Website vorausdenkend aufsetzen.

Eine attraktive Website übt eine direkte Wirkung auf den User aus. Wenn er entscheidet, dass genau Sie sein kompetenter Ansprechpartner sind, haben Sie gewonnen.

DIE WEBSITE

Spinnen Sie Ihr Netz

Ein Unternehmen, das heute mithalten will, braucht eine Website. Hier sind wir uns sicher einig. Doch dabei gibt es große Qualitätsunterschiede. Ihre Website muss unbedingt auf mobilen Endgeräten genauso gut zu lesen sein wie auf dem PC. Denn heutzutage gehen die meisten Menschen mobil ins Internet. Ihre Internetseite sollte sich deshalb automatisch allen Endgeräten anpassen. Responsive nennt man das in der Fachsprache. Responsive Webdesign ist heute kein Vielleicht mehr, sondern ein Muss.

Den Wald vor lauter Bäumen sehen

Homepage, Startseite, Website, Landing Page. Wo ist denn da eigentlich der Unterschied? Homepage und Startseite ist das Gleiche. Die pure Domain ohne Ergänzung. Zum Beispiel www.roger-rankel.de. An dem Begriff Home erkennt man, dass hier alles startet. Hier ist die Basis.

Als Website bezeichnet man eine einzelne Seite im Internet. Das kann jede beliebige Seite sein. Z. B. auch eine Unterseite in Ihrem gesamten Internetauftritt. In unserem o. g. Beispiel könnte es www.roger-rankel.de/bücher sein.

Eine Landing Page ist eigentlich auch eine eigene Website. Sie verfolgt jedoch ein ganz spezielles Ziel. Diesem widmen wir uns jetzt:

DIE LANDING PAGE

Punktlandung

Dieser Begriff bedeutet nichts anderes, als dass der User von außen, ohne über die Startseite zu gehen, genau da landet, wo er hin möchte.

Gehen Sie nicht über Los

Ein Beispiel: Nehmen wir an, der User sucht „blaue Rosen". Tippen Sie testhalber einmal „blaue Rosen" in das Suchfeld bei Google. Jetzt erscheinen unter anderem Websites von Blumenshops. Wenn Sie nun auf einen dieser Links klicken, landen Sie direkt auf der Seite, wo Sie blaue Rosen in Ihren Warenkorb legen können. Punktlandung am Ziel und nicht auf der allgemeinen Startseite des Blumenshops. Hier müssten Sie sich umständlich durch diverse Schnittblumen zu blauen Rosen durchklicken. Das will niemand!

Bei der Konzipierung einer solchen Landing Page ist die Strategie das A und O. Es geht darum, dass der User genau das findet, wonach er sucht. Er muss direkt ohne Umwege über die Startseite dort landen.

Denn wie reagieren User, wenn sie nicht schnellstmöglich das auf Ihrer Seite finden, was sie suchen? Ein Klick, weg sind sie. User haben wenig Geduld, das haben zahlreiche Studien gezeigt.

Machen Sie sich also gezielt Gedanken, für welche konkreten Themen Sie eine Landing Page einsetzen.

5 STEPS ZUR OPTIMALEN LANDING PAGE

1

Fremdsprache Suchmaschinisch

Ihre URL (Internetadresse Ihrer Landing Page) soll mit Google kommunizieren. Google kann viel. Es kann aber nicht erraten, was die scheinbar willkürlichen Buchstabenkombinationen hinter dem Namen einer URL bedeuten.

Bezogen auf unser Blaue-Rosen-Beispiel heißt das, dass die URL nicht www.musterblumenladen.de/s?ie=UTF8&page=1&rh lauten sollte, sondern www.musterblumenladen.de/rosen/blaue-rosen. So kann Google Ihre Seite korrekt einordnen. Merken Sie das? Selbst absolute Laien verstehen jetzt, was auf dieser Seite zu finden ist.

2

Beschreibender Seitentitel

Der Seitentitel auch „Title Tag" genannt, ist das, was im Reiter steht, wenn die Seite offen ist. Dementsprechend sollte der Title Tag auch „blaue Rosen" enthalten.

3 Relevanz ist König

Es geht darum, dass alles, was auf Ihrer Seite zu sehen ist, hilfreich für den User sein soll. Der User und potenzielle Kunde muss im Fokus stehen. Eine Selbstbeweihräucherung ist fehl am Platz. Im Kapitel 1.4 hatten wir bereits über Content-Marketing gesprochen und erklärt, was Sie beachten sollten, um dem User wirklich relevante Inhalte zu bieten.

4 Überblick durch Überschriften

Hier geht es um das Zusammenspiel von Headlines und Subheadlines. Bauen Sie Überschriften ein, die von kleineren Unterschriften gefolgt werden. Vom großen Thema ins Detail hinein. So kann der User auch schnell erkennen, ob ihn der Inhalt interessiert.

5 Bilder brauchen Namen

Google kann keine Bilder lesen, aber es liest Wörter. Geben Sie daher Ihren Bildern relevante Bezeichnungen. Wenn Ihre Bilddatei Bild12.jpg lautet, dann kann Google damit gar nichts anfangen. Lautet Ihre Bilddatei aber BlaueRosenAngebot.jpg, so steigt Ihre Chance, in den Suchergebnissen weit oben gelistet zu werden.

TIPP:

Zwischenfrage: Ist Ihre Website überhaupt für Suchmaschinen freigegeben?!

Wissen Sie, wie Sie das ganz einfach herausfinden können? Indem Sie in das Suchfeld bei Google Folgendes eingeben: site:https://www.WeimarWeimar.de (Bitte inklusive site: eingeben!). Nur natürlich nicht Weimar Weimar, sondern Ihre eigene Webadresse. Wenn Ihr Internetauftritt bei Google gelistet wird, tauchen nun alle einzelnen Websites auf, von denen Google weiß. Und erst dann können Sie auch gefunden werden.

So weit, so gut. Was brauchen Sie neben einer guten Landing Page noch, um im Suchergebnis von Google ganz oben angezeigt zu werden? Ihre Website muss für Suchmaschinen optimiert sein. Nur so können Sie im Wettkampf gegen alle anderen Google-Einträge bestehen. Denn wer ganz oben in der Ergebnisliste der Suchmaschine steht, wird gesehen. Oder haben Sie schon mal auf Seite 12 Ihrer Suchergebnisse nachgeguckt? Natürlich nicht. Die meisten User klicken maximal noch auf Seite zwei. Sie ändern lieber ihren Suchbegriff oder verfeinern ihre Suche.

DIE SUCHMASCHINEN-OPTIMIERUNG

Gut, besser, SEO

SEO ist in aller Munde. Wer oben stehen will, sollte SEO (Search Engine Optimization) kennen. Es geht darum, dass Ihre Seite weit oben bei Google & Co landet. Welche Regeln sind zu beachten, um eine der ersten Positionen zu bekommen?

SEO-QUICKIE FÜR EINSTEIGER

1

Mobile first

Ein wichtiger Punkt: gute mobile Bedienbarkeit. Hier sprechen wir wieder vom Responsive Webdesign. Google schaut nämlich als Erstes auf die mobile Seite und bewertet sie. Dann erst betrachtet Google die PC-Version.

2

Schönheitswettbewerb

Geben Sie sich bei der Gestaltung Ihrer Website alle Mühe. Unterschätzen Sie die Attraktivität nicht. Denn nicht umsonst ist dies eines der wichtigsten Bewertungskriterien. Sie glauben, Google kann so etwas gar nicht messen? Falsch! Indirekt misst Google es z. B. dadurch, wie lange sich User auf Ihrer Website aufhalten.

WETTEN, DASS WIR ES SCHAFFEN, IHRE WEBSITE SCHNELLER ZU MACHEN?

Sollten wir es nicht schaffen, dass Ihre Website nachweislich schneller lädt, müssen Sie nichts bezahlen. Sind wir erfolgreich, kostet Sie diese Dienstleistung nur 45,- Euro netto. Gehen Sie auf die Wette ein? Dann senden Sie uns eine E-Mail mit dem Betreff „Kundenwette: schnellere Website" an service@roger-rankel.de.

3

Zeit = Kunden = Umsatz

Eine geringe Ladezeit Ihrer Seite ist wichtig. Der User hat nämlich keine Geduld. Dauert ihm ein Seitenaufbau zu lang, klickt er weg. Eine Möglichkeit, dem entgegenzuwirken, ist, ihn mit schnell aufbauenden Inhalten festzuhalten. Checken Sie doch selbst mal, wie schnell Google Ihre Seite lädt. Gehen Sie dafür auf folgende URL und geben Ihre Domain ein: https://developers.google.com/speed/pagespeed/insights/?hl=de

4

Sicher ist sicher

Stellen Sie Ihre Website auf HTTPS um. Das bedeutet, dass der Datentransfer von Ihrem Server hin zum User verschlüsselt ist und sicher vor Zugriffen. Auch dies belohnt Google durch ein höheres Ranking. Anderenfalls kann es sein, dass Google Sie sogar mit Nichtachtung straft. Oder potenzielle Kunden, die Ihre Seite besuchen möchten, erhalten den Hinweis: „Die Verbindung zu dieser Website ist nicht sicher." Ein Grund, Ihre Seite na, was? Richtig: wegzuklicken.

5

Schlagende Wörter

Prüfen Sie, ob auf Ihrer Website die entscheidenden Keywords (Schlagwörter), nach denen Ihr Kunde sucht, genannt sind. Wenn es z. B. um blaue Rosen geht, schreiben Sie das auch. Verwenden Sie nicht ausschließlich ein Foto, auf dem diese abgebildet sind.

FAZIT:
Wenn Sie die o. a. Regeln verwenden, werden Sie von Google und den Usern geliebt.

KOMPETENT WIRKEN DURCH „ADWORDS"

Im Nachfolgenden werden Sie von uns wichtige Informationen und Tipps über Google AdWords erhalten. Die Summe dieser Inhalte bewirkt, dass Sie durch die Art und Weise, wie Sie AdWords schalten, als kompetenter Anbieter wahrgenommen werden. Los geht's.

Wichtig machen – richtig machen

Hier haben wir es mit einem Werbesystem zu tun, das zahlreiche Marketing-Möglichkeiten beinhaltet. Und so funktioniert es: Jemand gibt einen Suchbegriff bei Google ein. Google sucht jetzt relevante Seiten für den User. Bei den Suchergebnissen werden vorab bis zu vier bezahlte Anzeigen eingeblendet: die AdWords-Anzeigen. Die sind für den durchschnittlichen User kaum von „normalen" Suchergebnissen zu unterscheiden. Also werden sie angeklickt. Achten Sie bei Ihrer nächsten Google-Suche einmal drauf.

Wieder mal kostenfrei

Google verlangt für die reine Platzierung dieser Anzeigen kein Geld. Das AdWords Programm wird kostenlos zur Verfügung gestellt. Sie zahlen erst an Google, wenn ein User auf die Anzeige klickt. Pay-per-Click (PPC) nennt man dieses System. Sehr fair, oder?

4 TIPPS, UM GELD ZU SPAREN

1

Grinse-Kasse

Sie können die Kosten der Anzeigen an Ihre Bedürfnisse anpassen. Wie viel Sie für jeden Klick maximal zahlen, entscheiden Sie selbst. Das ist schon von wenigen Cents an machbar.

2

Bis hierhin und nicht weiter

Sie können ebenfalls aussuchen, ob Ihre Anzeige nur Usern in Ihrer Region gezeigt werden soll. So investieren Sie Ihr Geld clever. Bei Bedarf ist natürlich alles möglich. Bis hin zu weltweit. Die Grenzen setzen Sie.

3

Der Köder muss dem Fisch schmecken

Sie bezahlen pro Klick. Also auch den Kunden, der Sie zwar besucht, aber nichts bei Ihnen kauft. Sie fragen sich, wie Sie dies vermeiden können? Die Lösung: Die Anzeige muss so formuliert sein, dass man genau erkennt, was man wirklich bekommt. Denken wir doch wieder an unsere blauen Rosen. Wenn Sie in Ihrer Anzeige lediglich „schöne Blumen" schreiben, klicken auch lauter Nelken-Liebhaber auf die Anzeige und sind enttäuscht, dass es nur blaue Rosen gibt. Schreiben Sie hingegen, dass Sie blaue Rosen verkaufen, werden Sie damit sicher ausschließlich Blaue-Rosen-Liebhaber einfangen. Sie bezahlen also so nur für die Kunden, die ein wirkliches Kaufinteresse an Ihrem Produkt haben. So lohnt sich das Pay-per-Click.

4 Google Analytics

Woher wissen Sie, dass 25 Kunden pro Tag Ihre Seite über Google Anzeigen besucht haben? Zum Beispiel von dem Programm Google Analytics. Hier erfahren Sie, wie Ihr Traffic (Besucherstrom) aussah. Und zwar pro Tag, pro Monat oder pro Stunde. Bis ins Kleinste können Sie hier recherchieren. Zusätzlich haben Sie die Möglichkeit, herauszufinden, mit welchen Suchbegriffen Kunden auf Sie aufmerksam wurden. Perfekt, um Ihre Website strategisch anzupassen bzw. Kosten zu sparen.

HIGHSCORE GEWINNT

Es stellt sich die Frage: Was macht Google, wenn zwei oder mehr Anzeigen gleich gut für den User sind? Antwort: Dann gewinnt der Meistbietende. Erinnern Sie sich? Sie haben ja vorher Ihren Pay-per-Click-Betrag festgelegt. Wenn Ihr Betrag höher ist als der des Mitbewerbers, erhalten Sie den Anzeigenplatz. Das läuft blitzschnell im Hintergrund ab.

Kompetentes Versteckspiel

Stellen Sie sich vor, die erste Seite bei Google würde nur aus Anzeigen bestehen. Der User fände das sicher nicht so prickelnd. Deshalb „versteckt" Google Anzeigen geschickt auf der Ergebnisseite. Google schafft damit, das nervige Image von Anzeigen zu umgehen. Auch dadurch erzielt Google eine hohe Nutzerzufriedenheit und zeigt ein langfristig erfolgreiches Denken. Den User mit seinen Bedürfnissen in den Mittelpunkt stellen: eine Strategie, die sich auszahlt. Welcher Firmenname ist sonst noch zu einem Verb geworden? Wir googeln alle und selbst der Duden hat dieses Wort schon aufgenommen. Jackpot!

Deckel drauf

Noch ein nützlicher Hinweis: Es gibt die Möglichkeit, Ihr Tagesbudget zu deckeln. Das heißt, wenn der Betrag bei Google erreicht ist, wird Ihre Anzeige für diesen Tag nicht mehr gezeigt. So sorgen Sie dafür, dass nicht plötzlich eine unerwartete Rechnungssumme auf Sie zukommt.

Logische Logarithmen

Aus unserer Erfahrung können wir sagen, dass Google über ausgewogene Logarithmen verfügt, die meistens fair sind und Ihre Wünsche berücksichtigen. Ins Detail können wir an dieser Stelle leider nicht gehen, das würde den Rahmen dieses Kapitels sprengen. Abschließend möchten wir Ihnen noch einen Tipp geben, wie Sie testen können, ob Ihre AdWords-Anzeige gut ist und funktioniert:

DER A/B-TEST MIT ADWORDS

So checken Sie den Erfolg Ihrer Anzeige: Schalten Sie nicht nur eine Anzeige A, sondern geben Sie außerdem eine Anzeige B auf. Warum? Weil Sie vergleichen wollen, welche Anzeige besser funktioniert. Denn bei Anzeige B ändern Sie nur einen Punkt, im Vergleich zu Anzeige A. Das kann z. B. ein Schlagwort sein, die Reichweite oder ein anderer Faktor.

Wichtig ist, dass Sie wirklich nur eine Sache abändern. Nur so können Sie nachverfolgen, ob die Änderung erfolgreicher ist. Wenn Sie mehrere Varianten austesten möchten, geben Sie zusätzlich eine Anzeige C, D etc. auf.

Bei unserem Rosenbeispiel könnte es so aussehen:

- Anzeige A bietet „blaue Rosen" an.
- Anzeige B bietet „günstige blaue Rosen" an.
- Anzeige C bietet „frische blaue Rosen" an.
- Anzeige D bietet „hochwertige blaue Rosen" an.

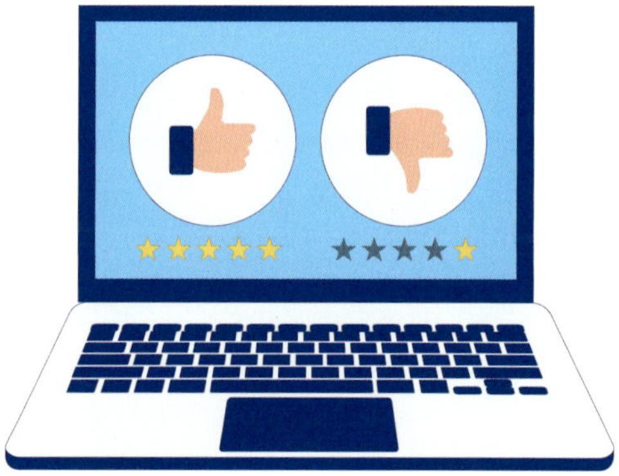

Nun haben Sie einen Vergleichswert. Dann geht die Testphase los. Sie beobachten über einen bestimmten Zeitraum, wie das Nutzerverhalten hinsichtlich der unterschiedlichen Anzeigen ist. Über welche Anzeige kommen mehr User auf Ihre Seite? Die Erfolgreichen halten Sie bei. Nicht Erfolgreiche löschen Sie. Jetzt können Sie sich bequem zurücklehnen und sagen: „Läuft!"

Was hat das mit dem Kompetenzcheck zu tun? Ganz einfach: Je öfter der User sich thematisch abgeholt fühlt, desto kompetenter wirken Sie.

DIE 5 WICHTIGSTEN TIPPS FÜR ERFOLGREICHES GOOGLE ADWORDS:

1. Formulieren Sie Ihre Anzeige so präzise, dass der User genau das findet, was er sucht.
2. Setzen Sie Ihren Anzeigenpreis zu Beginn nicht zu hoch an. Testen Sie erst in kleinen Schritten, wie hoch Sie den Preis setzen müssen, um Ihre Konkurrenz auszuschalten.
3. Machen Sie den A/B-Test, um Ihre Anzeige zu optimieren.
4. Beginnen Sie mit einem niedrigen Tagesbudget. Erhöhen Sie dieses erst nach einer erfolgreichen A/B-Test-Optimierung.
5. Kontrollieren Sie regelmäßig durch Google Analytics den Erfolg Ihrer Anzeige.

KOMPETENZCHECK DURCH SIEGEL

Mit Sicherheit mehr Erfolg

Siegel sind ein wirkungsvolles und einfaches Mittel, um Kompetenz und Vertrauenswürdigkeit auszustrahlen. Platzieren Sie diese gut sichtbar auf Ihrer Website. Gerade in Deutschland ist es ein wichtiges Argument. Sicherheit verkauft sich bestens. Durch solche Trust-Siegel vermitteln Sie ein Höchstmaß an Vertrauen mit relativ geringem Aufwand. Übrigens: In diesem Sinne funktionieren auch Zertifikate.

4 SIEGEL FÜR IHREN KOMPETENZCHECK

Schwergewichte leichtgemacht

1

Das TÜV-Siegel – optimal für die Industrie

Auch für Webseiten gibt es ein TÜV-Siegel. Der TÜV vergibt dieses Zeichen an Internetseiten, die er geprüft hat. Besonders interessant für Unternehmen, die auch anderweitig mit TÜV-Zertifikaten arbeiten. Geprüft werden u. a. Inhalte, Text und Sprache, Benutzerfreundlichkeit, Design und Kontaktmöglichkeiten. Sie sehen, TÜV geprüft zu werden, ist kinderleicht. Wenn Sie sich Ihr TÜV-Siegel verdienen möchten, gehen Sie wie folgt vor: Da der TÜV bekanntlich in verschiedene Regionen aufgeteilt ist, geben Sie bei Google z. B. Folgendes ein: TÜV Süd Siegel für Websites.

Internetseiten zur Vermittlung von Finanzprodukten oder Versicherungen sind von dieser Prüfung allerdings ausgenommen. Hierfür haben wir weitere Vorschläge …

2 Das Defino-Siegel – optimal für die Finanzwelt

Das Institut für Finanznorm vergibt ebenfalls ein Siegel bzw. ein Zertifikat. Für Berater und Unternehmen. Angestellte Berater von Banken und Versicherungsgesellschaften können ebenso zertifiziert werden wie selbstständige Finanzberater. Sie erhalten hier ein Regelwerk, eine Software und andere nützliche Tools.

Als DEFINO zertifizierter Finanzberater werden Sie gleich professioneller wahrgenommen. Das verschafft Ihnen von Anfang an einen besseren Zugang zu Ihren Kunden. Weitere Informationen finden Sie unter www.defino.de.

3 Das ProvenExpert-Siegel – optimal für die Beraterbranche

Ein ganz besonderer Tipp: Schließen Sie sich einer Bewertungs-Plattform an, wenn Sie Ihre Kompetenz verdeutlichen möchten.

Eine Plattform, die Ihnen dabei helfen kann, ist ProvenExpert. Sie erhalten hier zusätzlich für Ihre Branche maßgeschneiderte Umfragevorlagen. So holen Sie wertvolles Kundenfeedback mit wenig Aufwand ein. Dieses Feedback nutzen Sie dann, um sich im Internet als ProvenExpert, also geprüfter Experte, zu präsentieren.

Sie erhalten außerdem ein individualisiertes Siegel für Ihre Website. Es enthält Ihren Namen und Ihre Bewertungs-Sterne. Zusätzlich können Sie Kundenstimmen aus Ihrem Feedback auswählen, die ebenfalls in diesem Siegel gezeigt werden.

Auch Bewertungen, die Sie auf anderen Portalen wie Facebook oder Google gesammelt haben, werden auf ProvenExpert gebündelt und professionell präsentiert. Eine super Informationsquelle für Ihre nächsten Kunden.

Es ist übrigens nicht nur eine tolle Art, Ihre Kompetenz darzustellen, sogar Suchmaschinen bewerten dieses Siegel positiv. Denn SEO-optimiert ist das Ganze auch. Was SEO bedeutet und warum es so wichtig ist, haben wir ja schon in Phase 1 erklärt.

Weil wir von diesem Siegel besonders überzeugt sind, haben wir jetzt ein kleines Bonbon für Sie: Wir haben mit ProvenExpert einen Rabatt ausgehandelt. Wenn Sie also Interesse an diesem Siegel haben, gehen Sie auf diesen Link: www.provenexpert.com/ca/video-power-schulung

4 Trusted Shop – optimal für Online-Shops

Eine Studie besagt, dass von über 1000 Online-Usern rund 74 Prozent bei der Auswahl eines Online-Shops auf Gütesiegel achten. Das Trusted-Shop-Gütesiegel ist als führendes Siegel deutschlandweit bekannt. Und dadurch im Grunde ein Muss für alle Online-Shop-Betreiber. Unter diesem Link können Sie mit Trusted Shop Kontakt aufnehmen: www.trustedshops.de/mitgliedschaften

FAZIT:

Der Kompetenzcheck ist sehr erfolgreich, um als Experte wahrgenommen zu werden. In diesem Kapitel haben wir Ihnen bewährte Tipps gegeben, wie Sie in der Recherchephase des Kunden als Experte auftreten. Vor allem, ohne persönlich in Erscheinung zu treten. Dies ist während der modernen Recherche deshalb so wichtig, weil sie zu über 90 % anonym stattfindet.

Denken Sie immer daran: Verkäufer suchen Kunden, aber Kunden suchen Experten.

2. DIE RECHERCHEPHASE

2.2 Weisheit der Vielen

2.2

WEISHEIT DER VIELEN

Chor statt Tenor

Die „Weisheit der Vielen" ist lang erprobt und funktioniert nahezu immer. In der beliebtesten Quiz-Sendung der Deutschen, „Wer wird Millionär?", wird dieses Prinzip sehr schön demonstriert.

Und zwar durch den Publikumsjoker. Der Kandidat bittet das komplette Publikum um Hilfe. Natürlich sind die Zuschauer im Studio unterschiedlicher Meinung. Aber die Mehrheit liegt statistisch gesehen meistens richtig.

Interessanterweise liegt der vermeintlich wertvolle Telefonjoker, ein einzelner Helfer, deutlich häufiger falsch.

Das Prinzip „Weisheit der Vielen" funktioniert übrigens nicht nur statistisch, sondern auch psychologisch. Das nennen Fachleute den Social Proof.

SOCIAL PROOF

Auch haben wollen

Wir lassen uns vom Verhalten unserer Mitmenschen beeinflussen. Wenn z. B. alle um uns herum nach oben in den Himmel schauen, dann geht unser Blick auch automatisch nach oben.

Wenn scheinbar alle eine bestimmte Fernsehserie schauen, dann nehmen wir an, dass sie interessant ist. Folglich gucken wir sie auch (zumindest einmal). Der positive Effekt für den Sender: Die Einschaltquoten steigen.

Geschickt gesteuert, kann der Social Proof auch Ihren Umsatz ankurbeln.

SCHWINDEL ERREGEND

Ein weiteres schönes Beispiel ist die Besucherschlange vor der Disco. Diese zeigt, dass es sich lohnt, diesen Club zu besuchen. Die Mitbewerber nebenan sehen schnell langweilig aus, wenn sie keine vergleichbare Schlange vor der Tür stehen haben. Dass es sich bei der ersten Disco möglicherweise um eine künstlich herbeigeführte Situation handelt, ja, wer weiß das schon?

Manche Clubbesitzer nutzen diesen kleinen Schwindel sehr gezielt bei der Neueröffnung. Sie lassen die Scheiben verdunkeln. Die Türsteher vertrösten die anstehenden Gäste: „Der Club ist leider schon überfüllt."

Seien Sie sich sicher: Am nächsten Tag stehen umso mehr Gäste in der Schlange. Warum? Weil sich die Nachricht, dass der Club total gefragt ist, herumspricht. Umsatzsteigerung? Ganz sicher!

HERDENTIERE

Bei dem Thema Essen funktioniert das Prinzip des Social Proof auch hervorragend. Auf dem Markt wird die Pommesbude am meisten belagert, wo ohnehin schon viele Leute anstehen. Denn da muss es ja gut sein! So sagt es unser Gehirn. Hier geschieht die Bewertung also durch die Aktion der Massen. Was bei den Tieren funktioniert, funktioniert auch bei den Menschen. Herdentiere halt.

Auch Online-Shops nutzen den Social Proof mit einem einfachen Trick: „Kunden, die Produkt A kauften, kauften auch ...", und schon klickt man drauf. Dieses Prinzip kennt jeder, der in größeren Online-Shops eingekauft hat.

REFERENZEN

Referenzen sind ebenfalls ein gut geeignetes Mittel, den Kunden von Ihnen und der Qualität Ihrer Arbeit zu überzeugen. Expertenmeinungen, also große Namen und Firmen, für die Sie gearbeitet haben, suggerieren: „Ja, wenn die den engagiert haben, dann muss der ja gut sein!" Daumen hoch. So leicht funktioniert der Social-Proof-Effekt!

TIPP:

Denken Sie mal darüber nach, wen Sie als Referenz auf Ihrer Website nennen können. Gehen Sie hierzu Ihre ganze Kundenliste durch. So einfach überzeugen Sie auch Ihre Noch-nicht-Kunden.

Eine weitere einfache Möglichkeit, das Prinzip „Weisheit der Vielen" für sich zu nutzen, sind Bewertungen. Wie einfach das funktioniert, erklären wir Ihnen jetzt.

GENERATION BESSERWISSER

Wir sind die Generation „Bewertung". Wir bewerten alles, was nicht bei drei auf den Bäumen ist. Sogar bei einem politischen TV-Duell wird am nächsten Tag weniger über die Inhalte als über den Aufritt der Kandidaten gesprochen: Er/Sie war gut, schlecht, geht gar nicht, war stark usw.

Hopp oder Top

Während Sie diesen Satz lesen, werden ca. zehntausend Bewertungen online abgegeben. Bewertungen geben wider, wie zufrieden Kunden mit einem Anbieter, seinem Produkt oder Service sind.

Die meisten Menschen haben dazu eine klare Meinung: sehr gut oder sehr schlecht. Bewertungen werden oft durch Sterne symbolisiert: Ein Stern bedeutet schlecht, fünf Sterne bedeutet super. Zwei, drei oder vier Sterne werden deutlich seltener vergeben.

Sie sollten sich auch so ein Bewertungssystem zulegen. So bekommen Sie eine kostenlose und sehr wertvolle Rückmeldung von Ihren Kunden. Und Sie können den Einkauf Ihrer Neukunden positiv beeinflussen.

POSITIVE BEWERTUNGEN

Bewertungen gehen durch den Magen

Das Hotel EAST in Hamburg macht alles richtig. Im Restaurantbereich ist am Treppenaufgang ein Tablet aufgestellt. Hier kann jeder Gast die Rubrik wählen, die er bewerten will. Wenn der Gast seine Sterne für das Restaurant abgibt, öffnet sich ein weiteres Fenster. Unterkategorien erscheinen: Küche, Restaurant, Service, etc.

Das EAST macht auf diesem Weg eine interne Meinungsumfrage, die kaum Kosten produziert, aber in die Tiefe geht. Das Hotel kann so seine Leistungen direkt dem aktuellen Kundengeschehen anpassen. Und das übrigens nach einem tollen Essen. Die meisten sind natürlich positiv. Denn gesättigte Menschen sind meist zufrieden.

Dass diese Bewertungen online gezeigt werden, versteht sich von selbst. Das Internet ermöglicht also eine Stimme abzugeben, die von vielen gehört wird. Die nächsten Käufer bauen darauf. Siehe Kapitel Empfehlungen.

FAZIT:
Die Bewertungen für Ihr Unternehmen sollten unbedingt online gezeigt werden, damit Sie im Internet wahrgenommen und empfohlen werden.

NEGATIVE BEWERTUNGEN

Spieglein, Spieglein

Keine Angst vor schlechten Bewertungen! Auch diese sind wichtig. Einerseits für die Glaubwürdigkeit und Authentizität, andererseits für das sogenannte Ausschlussverfahren. Wer nur positive Bewertungen hat, ist zu schön, um wahr zu sein. Dem glaubt niemand.

Schlechte Bewertungen wegrasiert

Ein Beispiel: Sie sind ein Mann und interessieren sich für einen neuen Rasierer. Mehrfach stoßen Sie online auf ein Produkt, welches überwiegend mit 4 oder 5 Sternen bewertet wurde. Doch es gibt auch ein paar wenige 1- und 2-Sterne-Rezensionen.

Neugierig wollen Sie wissen warum und lesen ein paar negative Bewertungen durch: Der Rasierer habe eine recht kurze Akkuleistung oder ein Reise-Etui fehle. Sie merken, dass Ihnen diese Kritikpunkte egal sind, denn Sie benutzen ihn ausschließlich zu Hause und mit Kabel. Aber erst durch den Mix von guten und schlechten Bewertungen wird das Produkt glaubwürdig für Sie. Folglich kaufen Sie diesen Rasierer.

TIPP:
Weniger ist mehr! Mindestens 10 Bewertungen, besser noch 20, sollten es schon sein. Doch, und das ist interessant, über 40 bringen dann auch nicht mehr den großen Effekt. Sie sehen, es braucht nicht so viel, wie überall behauptet wird.

Die wichtigsten Entscheidungshilfen beim Online-Shopping

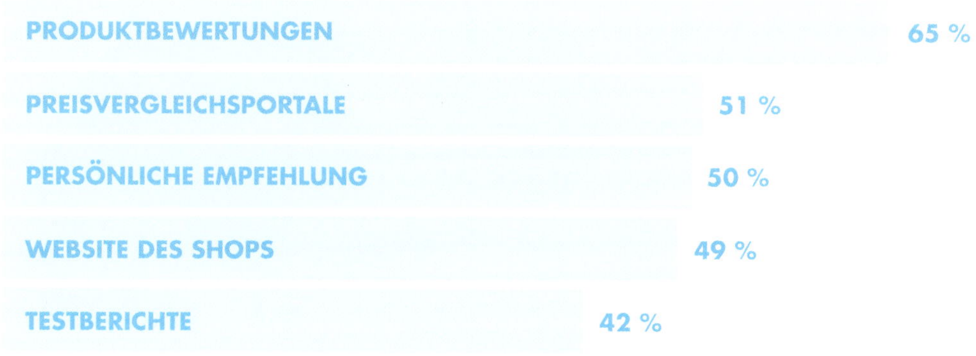

DER OGAS-TRICHTER-TIPP

So bewegen Sie Ihren Kunden, Sie zu bewerten

Mit dem OGAS-Trichter bezeichnen wir eine Gesprächsstrategie, die in jedem Verkaufsgespräch von großem Nutzen sein kann. Auch im Bewertungsmarketing ist sie sehr wirkungsvoll. Machen Sie es sich zu Beginn leicht: Probieren Sie die Technik anfangs mit Ihren Fans aus, weil diese Ihnen positiv gestimmt sind.

Gesprächsbeispiel:

„O" wie Offene Frage (Sie):
„Lieber Kunde, wie haben Sie unsere Zusammenarbeit bisher erlebt?"
(Der Kunde kann erzählen und fühlt sich ernst genommen.)

Kunde:
„Ich bin echt froh, dass Sie jetzt für mich arbeiten.
Sie sind schnell zur Stelle, wenn ich Sie brauche.
Und mit Ihrer Arbeit bin ich auch sehr zufrieden."

„G" wie Geschlossene Frage (Sie):
„Würden Sie auch eine kurze Bewertung für mich abgeben?"
(Der Kunde kann gar nicht anders, als die folgende Antwort zu geben.)

Kunde: „Ja, warum eigentlich nicht?"

„A" wie Aufklärung und Aufforderung (Sie):
„Das wäre toll. Bewertungen sind für mein Weiterkommen nämlich sehr wichtig. Dann schick ich Ihnen den Link von einer Bewertungsplattform zu. Da können Sie mich ruckzuck bewerten. Idealerweise mit 5 Sternen. ;-)" (Bringen Sie den Kunden ins Handeln.)

Kunde: „Ja klar, das kann ich gerne für Sie machen."

„S" wie Schluss (Sie):
„Klasse! Dann kann ich auf Sie zählen?" (Machen Sie den Sack zu.)

Kunde: „Ja, das können Sie."

Sie: „Vielen Dank. Das freut mich."

Mit dieser OGAS-Gesprächstechnik führen Sie den Kunden elegant genau dahin, wo Sie ihn haben möchten. Probieren Sie es aus. Funktioniert, richtig gemacht, immer. Übrigens sehr wirksam auch bei anderen Themen.

DIE BEWERTUNGSPLATTFORMEN

Walk of Fame

Kennen Sie die gängigsten Bewertungsplattformen? Hier werden Kundenmeinungen branchenbezogen gebündelt. Hier schlauen sich Ihre Kunden auf. Wissen Sie, was auf diesen Bewertungsplattformen über Sie steht? Sollten Sie feststellen, dass Sie gar nicht darin vorkommen, ändern Sie es.

Die wichtigsten Bewertungsplattformen im Überblick

Ärzte:

Ärzte finden die Meinung Ihrer Patienten unter www.Jameda.de.

Finanzdienstleister:

Wenn Sie Finanzdienstleister sind, finden Sie sich unter www.WhoFinance.de wieder.

Kleinbetriebe:

Die Bewertungsplattform www.Meinungsmeister.de ist für Kleinbetriebe gedacht.

Experten:

Unter www.provenexpert.com/ca/video-power-schulung finden Sie Experten Ihres Faches.

Wenn Sie auf einer dieser Plattformen stehen, haben Sie schon einmal viel gewonnen. Bewertungspräsenz im Internet bringt neue Kunden.

SO SCHNELL BAUEN SIE SICH EIN DIGITALES IMAGE AUF

Gehen Sie proaktiv an Ihren Kunden ran. Schreiben Sie Ihren echten Fans eine digitale, freundliche Grußkarte. Es geht um eine Botschaft, die von Herzen kommt und unerwartet ist. Bedanken Sie sich zunächst für die gute Zusammenarbeit. Loben Sie Ihren Kunden als Teil Ihres Erfolgs.

Anschließend bitten Sie ihn galant um eine Bewertung. Damit er Ihrer Bitte auch wirklich nachkommt, bieten Sie ihm als Dankeschön einen kleinen Gutschein an. Um es dem Kunden so einfach wie möglich zu machen, enthält Ihre Grußkarte den direkten Link zum Bewertungsportal.

So kostengünstig und schnell können Sie an Ihrem guten Ruf arbeiten und gleichzeitig Neukunden durch die Bewertungen gewinnen. Einfach, nicht wahr?

GETEILTER ERFOLG IST DOPPELTER ERFOLG

Nutzen Sie die Weisheit der Vielen, die Kraft der Bewertungen und den Social Proof für sich. So wird jeder Neukunde, der sich in der Recherchephase ein Bild von Ihnen machen möchte, positiv überzeugt. Ganz simpel.

2. DIE RECHERCHEPHASE

2.3 Service

2.3

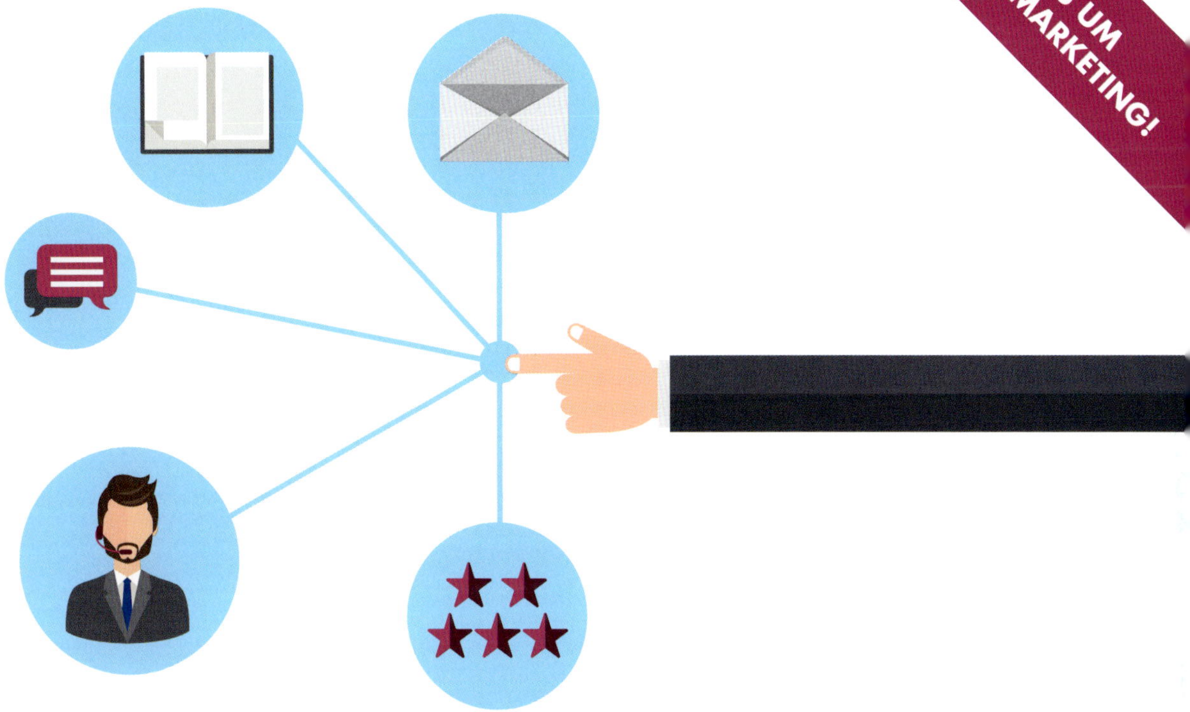

SERVICE

Ab in die Wüste

Der Begriff Service wird in vielen Ländern großgeschrieben. Leider nicht in unserem Land. Hier gilt der Begriff „Servicewüste Deutschland". Wunderbar! Denn genau das ist Ihr absoluter Vorteil. Wer sich durch guten Service positiv hervorhebt, steigert nämlich seine Beliebtheit und wird schnell bekannt. Was bedeutet das für Sie? Bieten Sie Ihren Kunden mehr als nur die erwartete Dienstleistung. Prompt werden Sie nicht nur Lob, sondern auch Weiterempfehlungen ernten. Konzentrieren Sie sich also auf das „sich Abheben" von der Konkurrenz.

Anhand von Beispielen unterschiedlicher Branchen, sowie wissenschaftlichen Appetithäppchen, möchten wir Ihnen zeigen, wie einfach die Umsetzung ist. Sie brauchen lediglich ein paar zündende Ideen.

COOLE TAXIFAHRT

Ein Berliner Taxifahrer bietet seinen Kunden an heißen Tagen eine gekühlte Wasserflasche gratis an. Kosteneinsatz: minimal. Effekt: riesig. Er bietet noch weitere Services an, die in anderen Taxen nicht zu finden sind. Er fragt seine Kunden beim Einstieg ins Taxi, ob diese Musik hören möchten und wenn ja, welche. Und dann lässt er sie während der Fahrt in Ruhe. Ohne das übliche Taxifahrer-Gespräch über Themen, die man ohnehin wieder vergisst. Perfekt. Sollte ein Kunde dennoch nicht nach seiner Visitenkarte fragen, bekommt er sie am Ende freundlich lächelnd mit der Rechnung zusammen überreicht. Dieser Taxifahrer fährt mittlerweile nur noch auf Vorbestellung und kann sich seine Kunden sogar aussuchen. Das ist Erfolg auf einfachste und stilvolle Art.

HINTERGEDANKEN

Nun ein paar grundsätzliche Gedanken zum Thema Service und Leistung von Noriaki Kano, Professor an der Universität von Tokio. Diese schauen wir uns gleich bei unserem Berliner Taxifahrer an. Noriaki Kano lebt in Japan. Seine Erkenntnisse sind aber für den deutschen Markt ebenso zutreffend. Achtung, danach werden Sie Ihre Dienstleistung mit anderen Augen sehen!

DAS KANO-MODELL – 3 ARTEN VON KUNDEN-ANFORDERUNGEN

1

Basisanforderungen

… werden von Kunden als selbstverständlich vorausgesetzt. Ihre Erfüllung führt lediglich dazu, dass der Kunde nicht unzufrieden ist. Beispiel: Die Suppe im Restaurant ist heiß, nicht versalzen, und es schwimmt auch keine Fliege darin.

2

Leistungsanforderungen

… werden vom Kunden ausdrücklich erwartet und auch ausgesprochen. Ihre Erfüllung führt dazu, dass der Kunde zufrieden ist. Beispiel: Die Suppe ist geschmacklich völlig in Ordnung und hält das, was die Speisekarte angekündigt hat.

3

Begeisterungsanforderungen

… werden vom Kunden nicht erwartet und nicht ausgesprochen; sie sind ihm möglicherweise nicht einmal bewusst. Ihre Erfüllung löst Begeisterung aus. Beispiel: Die Suppe wird zusätzlich mit köstlich duftendem, selbst gebackenem Brot und frischen Kräutern serviert.

MERKE:
Begeisterungsanforderungen sind also genau das, was Ihr Geschäft richtig ankurbelt. Beginnen Sie sich mit der Kür zu beschäftigen. Denn die Pflicht werden sehr viele im Programm haben.

ÜBERTRAGEN AUF DEN BERLINER TAXIFAHRER

In seinem Fall ist die **Basisanforderung** des Kunden, dass das aufgeräumte Taxi ihn sicher von A nach B bringt. Zu den **Leistungsanforderungen** gehört dann, dass der Taxifahrer den schnellsten Weg nimmt. Freundlichkeit ist auch dabei. Die **Begeisterungsanforderung** erreicht der Taxifahrer aber erst, indem er etwas bietet, was andere Taxen nicht bieten: kühles Wasser zum Erfrischen, Musik zum selbst Aussuchen und Ruhe, wenn erwünscht.

Sie sind dran

Sind Ihnen für Ihre Dienstleistung die Basis- und Leistungsanforderungen klar? Wie können Sie eine Begeisterungsanforderung umsetzen? Was jetzt in Ihren Kopf kommt, kann Ihr Geschäft verändern! Überraschen Sie Ihre Kunden mit dem Unerwarteten.

TIPP:
Notieren Sie sich ein paar Ideen und erzählen diese Freunden. So haben Sie einen Eindruck, wie originell und überzeugend Ihre Ideen sind.

Die Begeisterungsoffensive beginnt schon in der Recherchephase. Wenn Sie hier durch Service überzeugen, kommt der Kunde zu Ihnen und bleibt auch bei Ihnen.

Mit den folgenden wertvollen Anregungen können Sie Ihren Service einfach verbessern und Ihre Kunden begeistern.

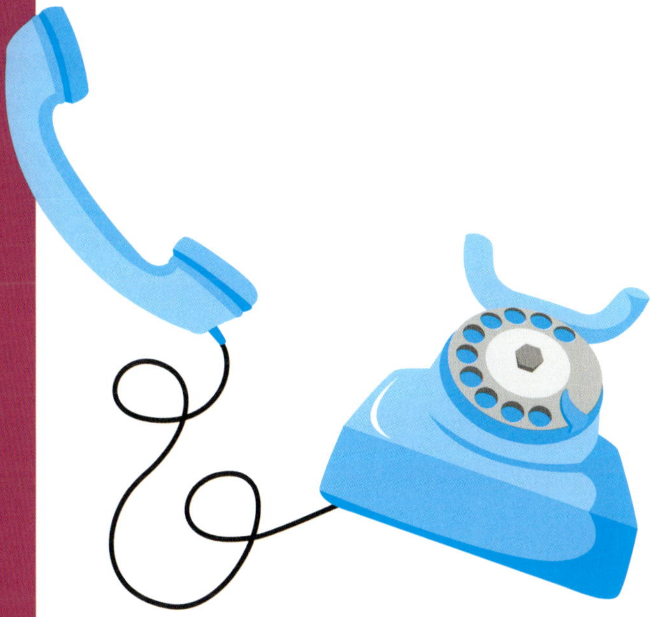

DIE HOTLINE

Der heiße Draht zum Kunden

Ihr Kunde kann durch eine Hotline bereits während seiner Suche einfach Kontakt mit Ihnen aufnehmen. Die entsprechende Telefonnummer muss gut sichtbar auf Ihrer Website platziert sein. Am besten, Sie bieten eine kostenlose 0800 Nummer an, mit dem Hinweis, zu welchen Zeiten Sie erreichbar sind. Besonders persönlich wirkt Ihre Hotline, wenn sie mit dem Bild des zuständigen Mitarbeiters aufgewertet ist.

FAQ 4 YOU

FAQ steht für Frequently Asked Questions = häufig gestellte Fragen. Hier findet man die Antworten auf die häufigsten Fragen anderer User. Und dadurch auch meist auf die eigenen.

ACTION!

Auf der Seite von Jochen Schweizer ist das Thema FAQ konsequent durchgezogen. Der Link zur FAQ-Seite befindet sich gut sichtbar oben rechts. Der User bekommt hier eine Übersicht der häufigsten Suchbegriffe. Die Fragen sind nach Kategorien geordnet: „Allgemein" mit grundsätzlichen Begriffs-Erklärungen wie „Was ist ein Erlebnis-Gutschein?".
Dann wird es detaillierter mit der Kategorie „Umfang und Gültigkeit des Gutscheins". Es folgen Fragen zu „Kauf und Bestellung", „Verpackung und Lieferung" sowie „Vereinbarung von Terminen und Teilnahme". „Rückgabe und Umtausch" machen dann das Servicepaket komplett.

Jochen Schweizer nimmt seine Kunden an die digitale Hand und manövriert sie geschickt zum jeweiligen Antwortziel. So fühlt sich der Kunde gut aufgehoben. Genau darauf kommt es an!

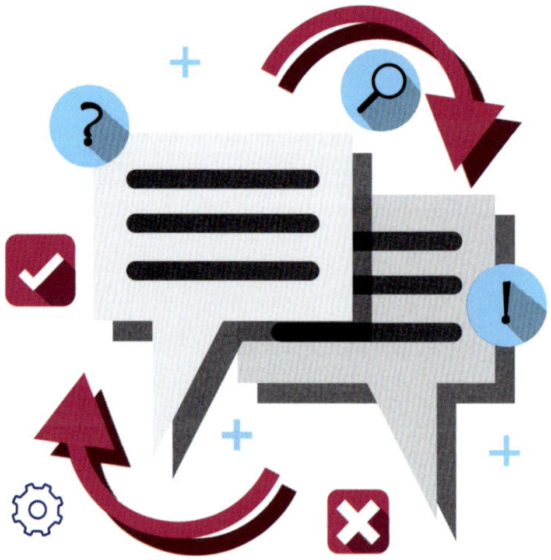

Jetzt sind Sie an der Reihe:
Welche Fragen werden Ihnen häufig gestellt und wie können Sie diese serviceorientiert auf Ihrer Website beantworten? Binden Sie Ihre User doch einfach bei der Erstellung Ihrer FAQ-Seite mit ein. Bieten Sie als ersten Schritt eine Möglichkeit, individuelle Fragen zu stellen. Sammeln Sie alle Kundenfragen und picken die heraus, die häufig gestellt werden. So bauen Sie Schritt für Schritt Ihre eigene FAQ-Seite auf.

SERVICE-EXCELLENCE

in digitalen Zeiten

Das etwas andere Kontaktformular

Unter Service-Excellence versteht man die ganzheitliche Betrachtung des Themas Service. Sie ist die Basis für jegliche Kundenbegeisterung über alle Medien und Kommunikationswege hinweg. Wie schaffen Sie es also, auch digital den Service auf ein Level zu setzen, der exzellent ist?

Bei Jochen Schweizer, dem Experten für ungewöhnliche Erlebnisse, ist beispielsweise auch das Kontaktformular auf der Website nicht gewöhnlich, sondern enthält als Allererstes die Servicefrage: „WAS KÖNNEN WIR FÜR SIE TUN?" Bereits hier wird der Servicegedanke wortwörtlich großgeschrieben. Der Kunde steht im Mittelpunkt.

Der erste Punkt ist „Antworten auf häufige Fragen" mit einem Link-Button zur FAQ-Seite. Geschickt gemacht. So fängt Jochen Schweizer Kundenanfragen ab, die nicht von einem Servicemitarbeiter persönlich beantwortet werden müssen. Das Unternehmen spart Zeit und Geld und gleichzeitig bietet es dem User sehr schnelle Hilfe.

Der zweite Punkt in diesem Kontaktformular ist die Einlösung eines Erlebnisgutscheins. Für die Kunden, die einen Gutschein haben, sinnvoll und hilfreich. Für die, die noch keinen haben, ein Zeichen, dass die Einlösung ganz einfach ist. So werden auch Noch-nicht-Kunden für einen Erlebnisgutschein angetriggert. Sie sehen, auch in der Recherchephase kann man immer noch Kunden antriggern.

Und bei Jochen Schweizer geht es serviceorientiert weiter: Mit einem Listenfeld wird der User gefragt, ob er Privatkunde, Firmenkunde, Pressevertreter, Erlebnisanbieter oder Vertreter einer Event-Agentur ist. Je nachdem, was der Kunde hier angeklickt hat, ändern sich die Wahlmöglichkeiten im nächsten Listenfeld. Der Firmenkunde z. B. sieht andere Vorschläge: Firmenveranstaltung, Mitarbeitergeschenke, Kundenprämien oder Marketing-Events.

Sollte der User seine Frage bis hierhin noch nicht beantwortet bekommen haben, kann er nun seine individuelle Frage frei formulieren. Abschließend muss er nur noch seine persönlichen Daten eingeben und schon ist zusätzlich ein wertvoller Lead generiert.

Zusätzlich landet die E-Mail punktgenau bei dem richtigen Ansprechpartner und wird möglichst schnell und kompetent beantwortet.

BYE, BYE WARTEZIMMER

Eine Krankenkasse testet zurzeit einen ganz besonderen Service. Ausgewählte Ärzte bieten eine Online-Sprechstunde an. Eine Art Videoanruf, bei dem der Patient zuhause bleiben kann und dem Arzt seine Sorgen und Nöte per Videochat erzählt. Vorteile für beide Seiten: kein endloses Herumsitzen im Wartezimmer, keine Viren, die sich fleißig vermehren. Zeitersparnis für alle.

JE SPÄTER DER ABEND

In Krankenhäusern werden z. B. spezielle Informationsabende für werdende Eltern durchgeführt. Dabei erhalten die Teilnehmer Einblick in sonst verschlossene Räume. Kreißsaalführungen sind extrem begehrt. Wer sich in einer bestimmten Klinik bereits umgeschaut hat, wird auch genau in dieser Klinik sein Kind zur Welt bringen wollen.

Bieten auch Sie einen Informationsabend zu einem Ihrer Spezialthemen an. Kleiner Tipp am Rande: Binden Sie doch auch die lokale Presse mit ein. So triggern Sie weitere Interessenten für Ihren Abend an. Und bei wem werden die Zuhörer danach wohl neue Verträge unterschreiben? Genau, bei Ihnen.

WER SCHREIBT, DER BLEIBT

Erinnern Sie sich? In dem Kapitel Online-Marketing haben Sie bereits einiges über Blogs gelernt. Ein Blog ist auch ein smartes Service-Tool. Denn neben dem informativen Mehrwert können Sie Ihre Service-Leistungen bewerben.

Stellen Sie sich z. B. vor, Sie wären ein Reiseveranstalter. Neben spannenden Geschichten über Land und Leute können Sie erklären, dass Sie sich um Visa, Autobuchungen und Reservierungen von Restaurants kümmern.

4 TIPPS, UM IHREN BLOG BEKANNT ZU MACHEN

1

Nicht links liegen lassen

Verlinken Sie Ihren Blog! Das geht gut auf Ihrer Website, auf Ihrer Facebook-Seite, ebenso auf Instagram, Twitter oder YouTube. Denken Sie auch an Ihre E-Mail-Signatur: Wenn hier ein Link mit der Adresse Ihres Blogs auftaucht, hat das eine Spitzenwirkung – nicht nur für die Klickrate. Dann weiß Ihr E-Mail-Partner, dass Sie ein moderner Experte sind.

2

Gruß aus der Küche

Weisen Sie in Ihrem Newsletter auf Ihren Blog hin. Was erwartet den Leser da? Eine kleine Leseprobe zum Appetitanregen? Um ihn neugierig zu machen auf mehr? Bestens! Greifen Sie sich Ihre besten Blogartikel raus und stellen Sie regelmäßig einen besonders guten Blogartikel ins Netz. Dies funktioniert übrigens nicht nur über Ihren Newsletter, sondern auch über Ihre Social-Media-Profile. Außerdem erreichen Sie über diese Kanäle auch neue User, weil Ihre Beiträge geteilt werden.

3

Mein Blog, dein Blog

Blogs leben vom Austausch! Vernetzen Sie sich mit anderen Bloggern, schreiben Sie Gastartikel in anderen Blogs oder finden Sie Gastautoren für Ihren Blog.
Extra-Tipp: Über die Kommentarfunktion können Sie in anderen Blogs Stellung zu einzelnen Artikeln nehmen. Und in solch einem Kommentar können Sie gleichzeitig auf Ihren eigenen Blog hinweisen.

4

Vom Blogger zum Influencer

Sie können Blogs auch ganz anders nutzen. Sprechen Sie doch mal einen Blogger als Influencer an. Blogger besitzen wie Influencer eine große Reichweite und treue Follower. Warum also nicht mit ihnen eine geschäftliche Partnerschaft eingehen? Achten Sie hierbei darauf, dass Ihr Produkt oder Ihre Dienstleistung mit dem Blogkonzept zusammenpasst. Ein Hersteller von Hundenahrung könnte beispielsweise auf einem Hundeliebhaber-Blog gut aussehen, wäre aber auf einem Kaninchen-Blog völlig fehl am Platz.

EIN VIDEO SAGT MEHR ALS TAUSEND WORTE

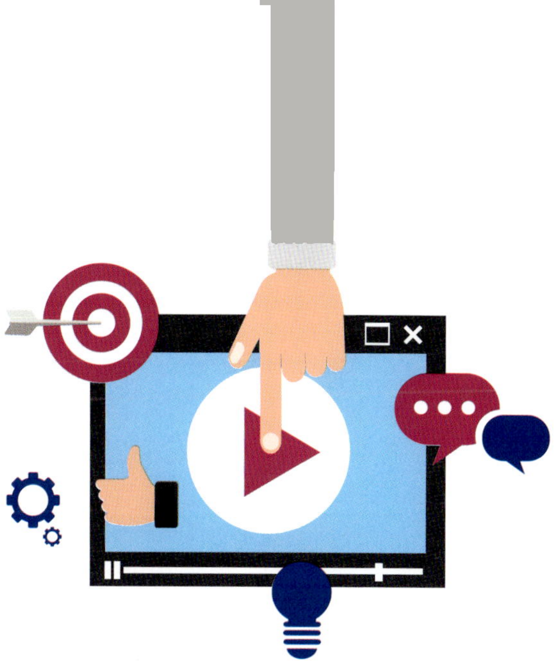

Es gibt heutzutage Firmen, die Ihre FAQ-Seite nicht nur schriftlich darstellen, sondern auch in einem Video auf die häufigsten Fragen eingehen. Erinnern Sie sich? Bei Menschen ist der Sinn des Visuellen am stärksten ausgeprägt. Nutzen Sie dieses Wissen nun erneut. Erklärvideos bieten den Vorteil, dass der User wortwörtlich ein richtiges Bild von Ihnen bekommt. Handhabung des Produkts, persönliche Erklärung der Dienstleistung, etc.

Das darf gerne witzig und knackig gemacht sein. Beispielsweise einen Erklärfilm im Sendung-mit-der-Maus-Stil. Oder ein knackiger 90-Sekunden-Film im Stil von Strichmännchen. Beide Ideen haben Witz, Charme und kommen super an. Diese Videos veröffentlichen Sie dann auf Ihrer Homepage. Auch die Social-Media-Kanäle, allen voran YouTube, sind wie geschaffen für solche Zwecke.

Es gibt viele Einsatzmöglichkeiten für Videos und im Laufe des Lead-Loop® werden Ihnen noch einige begegnen.

DIE GARANTIE

Garantiert ein Pluspunkt

Mit einer Garantie fangen Sie den Kunden in der Recherchephase geschickt ein. Denn die Hemmschwelle, den Kauf zu tätigen, sinkt. Warum? Weil Kunden wissen, dass mit der Garantie ein Hintertürchen offen steht. Die allerwenigsten Kunden werden auf diese Garantie zurückgreifen. Das zeigen Statistiken. Sie ist jedoch als Kaufargument prima einzusetzen. Garantien bieten nämlich eins: Sicherheit. Und sicher wollen wir uns beim Geldausgeben alle immer sein.

Es gibt ein Trainingskonzept, das auf seiner Website und Broschüre den Satz aufgedruckt hat:
„Wir versprechen keinen Erfolg, wir garantieren ihn!"
Dieses Training beinhaltet zwei Tage Schulung. Die Garantie dabei: Sollte einer der Teilnehmer am Ende der Veranstaltung nicht zufrieden sein, bekommt er sein Geld zurückerstattet. Überzeugend und sicher. Bisher wurde die Garantie nie eingelöst. Denn dieses Konzept hat Hand und Fuß.

LOS!
Wofür können Sie eine Garantie ausloben? Setzen Sie die Garantie-Idee unbedingt deutlich sichtbar auf Ihrer Website und in Ihren Unterlagen ein.

APPSOLUTELY UP-TO-DATE

Wenn Sie modern sein wollen, investieren Sie doch in eine eigene App. Damit hat Ihr Kunde Sie im wahrsten Sinne des Wortes „auf dem Schirm". Immer dabei und schnell aktiviert. Wo immer Ihr Kunde sich auch befindet, durch Ihre App sind Sie stets dabei. Apps sind wahre Dauerbrenner und dienen dem Kundenservice 24/7.

SIEGER DURCH MENSCHLICHKEIT

Am Schluss dieses Kapitels wollen wir das Geheimnis einer erfolgreichen Digitalisierungsstrategie verraten: Sie muss menschlich und serviceorientiert sein. Eigentlich ganz simpel, nicht wahr? Nur sind unsere Köpfe meist so voll von den digitalen Einflüssen, dass wir den Wald vor lauter Bäumen nicht mehr sehen. Werfen Sie Ballast ab. Digitalisierung nur der Digitalisierung wegen, weil es jetzt cool und chic ist, bringt nämlich niemandem etwas. Am wenigsten Ihren Kunden.

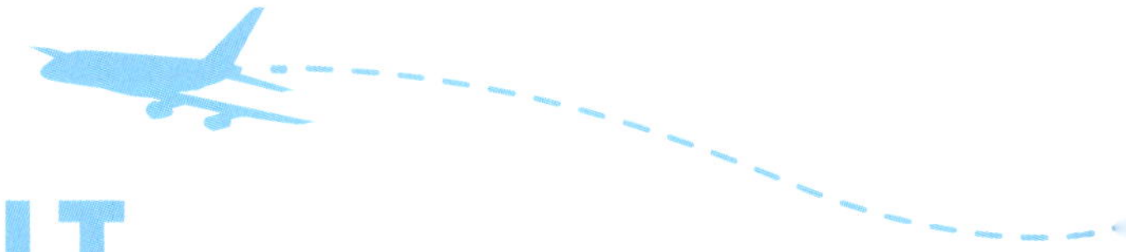

REISE ZUM MITTELPUNKT DER WELT

Überlegen Sie einfach, wer das Zentrum Ihrer Marketingstrategie ist. Denken Sie konsequent vom Kunden aus und nutzen Sie anschließend nur die digitalen Möglichkeiten, die überhaupt notwendig sind, dessen Bedürfnisse zu befriedigen. Denn nur so begeistern Sie Kunden. Erinnern Sie sich an das Kano-Modell zu Beginn dieses Kapitels? Begeisterung entsteht erst da, wo der Kunde mehr bekommt, als er erwartet. Wo der Mensch zählt. Das ist meist mit einfachen Mitteln möglich. Auch im Universum der digitalen Welt. Der Mittelpunkt bleibt der Mensch.

Denken Sie immer daran: Ihre Kunden sind genau diese Menschen. Egal was Sie verkaufen, ob Sie an Endverbraucher oder im B2B Bereich denken. Selbst wenn Sie Hundefutter verkaufen, Ihr Kunde ist der Hundebesitzer. Das bedeutet: Nur mit Emotion, Kreativität und Neugier wecken Sie Begeisterung, Lust an Ihrem Produkt oder an Ihrer Dienstleistung und verkaufen besonders gut.

2. DIE RECHERCHEPHASE

2.4 Robo-Tools

2.4

SO NUTZEN SIE DIE MÖGLICHKEITEN DER DIGITALISIERUNG

SCOTTI – BEAM ME UP

Lassen Sie uns einen Blick in die Zukunft werfen. Deutschland, im Jahr 2028. Roboter übernehmen Tätigkeiten, die 2018 noch von Menschen erledigt wurden. Sie werden sich bequem auf der Couch zurücklehnen und dort die Dinge um Sie herum dirigieren. Ein Stück weit beginnt diese Entwicklung bereits heute. Alexa ist in aller Munde. Rasenroboter und Saugroboter helfen uns im Garten und Haushalt, während wir uns mit wichtigeren Dingen beschäftigen. Haben Sie keine Angst vor dieser Entwicklung, sondern nutzen Sie Roboter auch im Business clever zu Ihrem Vorteil.

In diesem Kapitel beschäftigen wir uns deshalb zukunftsweisend mit Robo-Tools. Das sind Programme, die den Kunden das Recherchieren und Bestellen einfacher machen. Und Ihnen die Arbeit deutlich erleichtern. Wir zeigen, was Ihnen wirklich etwas bringt, und lassen bewusst weg, was überflüssig ist.

DER ONLINE-KALENDER

Termine, Termine, Termine

Haben Sie schon einmal einen Steinschlag gehabt? Vielleicht haben Sie dann auch den Online-Kalender von Carglass kennengelernt. Hier können Sie online Ihren Wunschtermin vereinbaren. Und das funktioniert 24 Stunden, sieben Tage die Woche. Das Geniale ist, dass Carglass so beispielsweise an einem Sonntag Abend schon ein Geschäft fixiert, während der Werkstattbesitzer frei hat.

Ein Online-Kalender bietet Ihnen also die Möglichkeit, den Kunden in der Recherchephase an Ihr Unternehmen zu binden. Nämlich dadurch, dass dieser sofort einen Termin vereinbaren kann. Und zwar ohne, dass Sie selbst irgendetwas tun müssen! Bauen Sie einfach den Online-Kalender auf Ihrer Website ein. Dann weisen Sie die User darauf hin, dass sie hier schnell und einfach einen Wunschtermin erhalten.

So können Sie charmant damit werben, dass Ihre Kunden 24 Stunden am Tag und 365 Tage im Jahr Ihre Hilfe erhalten. Außerdem praktisch: Sie müssen nicht selbst online sein, Hauptsache, Ihr Kunde ist es! Null weitere Personalkosten, aber viele Aufträge.

ONLINE-TERMINKALENDER FÜR IHRE WEBSITE

Hier haben wir drei Anbieter für Sie herausgesucht, bei denen Sie ganz einfach Ihren eigenen Online-Terminkalender einrichten können. Das Coole: Sie können diese Robo-Tools sogar gratis testen:

https://www.timify.com/de-de/features/online-terminbuchung/

https://www.terminpilot.de/

http://www.appointmind.de/

TIPP:
Binden Sie in Ihren Online-Kalender einen Hinweis ein, dass Sie auch Termine während der klassischen Mittagspause anbieten. Viele Berufstätige sind sehr froh, nicht von der Arbeit abgehalten zu werden. So kombinieren Sie das digitale Robo-Tool optimal mit einer Service-Bestleistung.

DER SPARPLAN-RECHNER

Die Kasse klingelt

Auch Nicht-Schwaben lieben dieses Gadget! Mit einem Sparplan-Rechner auf Ihrer Website bringen Sie den Kunden dazu, sich aktiv mit dem Thema „Was spare ich ein?" auseinanderzusetzen. Denn das will jeder. Ein solcher Rechner gibt dem User die Möglichkeit, genau zu kalkulieren, wie viel Geld er bei Ihrem Angebot einspart. Er profitiert immer von dem Ergebnis, das der Rechner ihm präsentiert. Selbstverständlich bekommt er anschließend das Angebot, einen Termin zu vereinbaren, um das Ergebnis zu besprechen. Am besten direkt mit Hilfe des Online-Kalenders.

LV-TOOLBOX

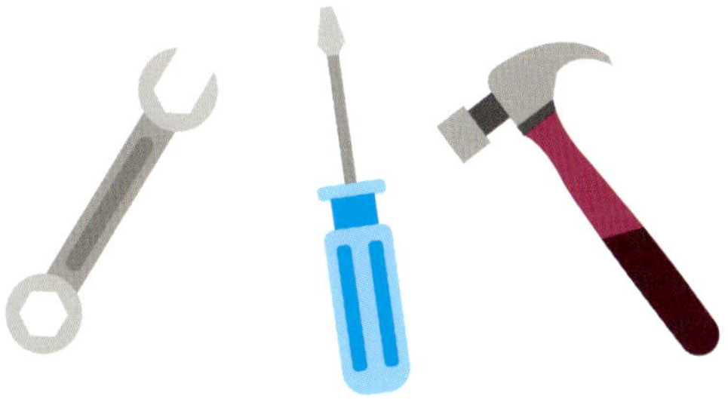

Die Werkzeugbox für Versicherer

Die Lebensversicherung von 1871 a. G. München und einige andere Versicherer bieten für Ihre Kunden und geschäftlichen Partner spezielle Tools an. Zu dieser Toolbox gehören unter anderem ein Zinseszins-Rechner, ein Rentensimulator oder ein Alterseinnahmen-Check. Diese werden von Kunden und Geschäftspartnern selbstständig durchgeführt. Sowohl die Berater als auch die Kunden sparen Zeit und Geld.

GAS GEBEN

Eine geniale Möglichkeit ist auch ein Energie-Verbrauchsrechner. Wenn Sie beispielsweise ein Heizungs- und Sanitärgeschäft besitzen oder anderweitig den Energieverbrauch Ihrer Kunden herausfinden müssen, bietet sich ein solches Tool an. Denn hier kann Ihr Kunde bereits vor dem Termin herausfinden, welchen finanziellen Nutzen er bei einer Zusammenarbeit mit Ihnen hat.

BOB DER BAUMEISTER

Ein Bauhändler bietet zum Beispiel seinen Kunden einen Material-Verbrauchsrechner. Wie viele Steine, wie viel Rollen Tapete, wie viel Eimer Farbe etc. werden gebraucht? Der Kunde gibt seine Daten ein und erhält jederzeit eine kompetente Auskunft. Ohne dass der Bauhändler dafür auch nur einen Anruf tätigen muss. Erst wenn der Kunde dem Händler seinen Auftrag erteilt, wird dieser aktiv. Vorher ist alles nur die Aufgabe eines Robo-Tools.

DER KONFIGURATOR

Passend gemacht

Ein Konfigurator ist ein geniales Mittel, das Interesse Ihrer Kunden zu fesseln und sie in den Kaufprozess zu leiten. Mit Hilfe eines Konfigurators können Ihre Kunden nämlich ihre eigenen Produkte erstellen, sofort anschauen und natürlich bestellen.

Kunden lieben das Gefühl, etwas Eigenes zu erstellen und zu besitzen. Individualität ist Trend. Das ist weit mehr als eine technische Spielerei, es ist ein riesiger Kaufanreiz.

FÜR KRÜMELMONSTER

Firmen wie mymuesli haben diesen Trend erkannt und bieten ihren Kunden die Möglichkeit, ihr individuelles Müsli zusammenzustellen. Müsli, nicht gerade das spannendste Essen der Welt, gewinnt dadurch völlig neue Aufmerksamkeit. Im Zusammenspiel mit den stylischen Verpackungen erreicht mymuesli dadurch neue Zielgruppen. Mittlerweile sind aus dem Online-Business zahlreiche stationäre Läden entstanden, in denen Müsli-Berater für die Kunden vor Ort da sind. Und alles begann mit dem Müsli-Konfigurator.

HIER GEHT'S UM EMPFEHLUNGSMARKETING!

NIX FÜR SPORTMUFFEL

Auch in der Sportbranche gibt es Beispiele für den Konfigurator. Nike ist seit Jahren extrem erfolgreich damit, seine Kunden selbst zum Schuhdesigner zu krönen. Ob Modell, Material oder Farbe, alles ist frei wählbar und wird real produziert. Die Kombinationen sind endlos und die Kunden sind komplett begeistert. Ihre Freude über die absolut individuellen Schuhe teilen sie dann gerne mit ihren Bekannten und Freunden auf Instagram und Co. Das generiert automatisch Neukunden. Auch die Weiterempfehlung ist gesichert.

TESTURTEIL BRILLANT

Tests haben schon immer bravourös als Lockmittel funktioniert. Die unterschiedlichsten Magazine haben die unterschiedlichsten Tests in ihrem Heft. Oft wird sogar auf dem Cover damit geworben. Beispielsweise: „Welcher Sporttyp sind Sie?"

Nutzen Sie einen solchen Test auch als Robo-Tool auf Ihrer Website. Es gibt viele mögliche Themen, mit denen Sie Neukunden per Test antriggern können.

Das Tolle ist, mit einem solchen Test beweisen Sie Ihr Fachwissen und präsentieren sich gleichzeitig als Experte Ihres Gebietes. Und das auf unterhaltsame Art und Weise. Ein guter Grund für Ihren Kunden, die Versicherung oder Ähnliches bei Ihnen abzuschließen.

So ein Test bietet übrigens einen ganz besonderen Vorteil: Sie sorgen dafür, dass Ihre potenziellen Kunden Zeit auf Ihrer Website verbringen. Die Attraktivität eines Tests steigt sogar noch, wenn die Kunden vorab informiert werden, wie lange der Test in etwa dauert. 5 bis 10 Minuten ist eine gern gesehene Länge. Ein weiterer Nutzen hierbei für Sie: Sie werden in den Suchergebnissen von Google höher gelistet. Denn je mehr Zeit der User einer Seite widmet, desto besser wird die Seite von Google selbst bewertet. Also: Kunde fühlt sich unterhalten, Sie haben ihn gefangen und Ihre Website wird besser gerankt. Win-win-win!

TIPP:

Es gibt hervorragende Online-Tools, mit denen Sie sich einen Test ganz nach Ihren Wünschen und Vorstellungen aufbauen können. Einfache vorgefertigte Versionen gibt es natürlich auch. Fragen Sie hierzu Ihren Verband, der seinen Mitgliedern gerne entsprechende Lösungen anbietet.

Besonders clever gehen Sie vor, wenn Sie dem User das mit Spannung erwartete Ergebnis des Tests an seine E-Mail-Adresse schicken. Riesenvorteil: Sie gewinnen einen Lead, eine weitere potenzielle Kundenadresse. Jede Wette: Dieses Tauschgeschäft geht der User gerne ein.

EXIT-FENSTER

Tür zu, Fenster auf

So gewinnen Sie mit Ihrer Website neue Aufträge: Egal, wie interessant Ihre Website auch ist … irgendwann kommt der Zeitpunkt, an dem der User sie auch wieder verlässt. Ein Exit-Fenster ist ein super Robo-Tool, das genau in diesem Moment zuschlägt. Es öffnet sich ungefragt und weist den User auf weitere tolle Angebote hin.

Es bietet ihm beispielsweise weitere interessante Artikel zu einem Themengebiet an. Oder einen Newsletter, den er regelmäßig erhalten kann. Oder einen Rabattcoupon. Oder, oder, oder … die Möglichkeiten sind endlos.

Wichtig ist, dass Sie dem User an dieser Stelle dessen E-Mail-Adresse abfragen. (Stichwort: Lead generieren.)

TIPP:
Exit-Fenster können nicht nur andere, das können auch Sie! Auf Ihrer eigenen Website. Ein solches Exit-Fenster wird Ihnen Ihr Webdesigner gerne einrichten. So können Sie Ihre Conversion Rate beträchtlich steigern.

BÄUMCHEN WECHSLE DICH

So funktioniert Kundengewinnung heute

Okay, was bedeutet Conversion Rate? Den Wandel vom einfachen Zuschauer der Seite zum beispielsweise Newsletter-Kunden bezeichnet man als Conversion. Die Conversion Rate ist die Anzahl der User, die einen solchen Wandel zu Gunsten Ihres Umsatzes durchlaufen.

Hat eine Website beispielsweise eine Conversion Rate von 3 %, bedeutet das, dass 3 von 100 Besuchern dieser Seite zu Newsletter-Kunden oder anderen Kunden werden. Exit-Fenster und die zuvor beschriebenen Tools sind ein hervorragender Weg, diese Conversion Rate zu steigern.

Alle Tools und Tipps, die Sie in dieser Recherchephase kennengelernt haben, dienen genau dazu. Aus dem User, der auf Ihrer Seite landet, einen Kunden zu machen und ihn in die Kaufphase zu leiten. Welche anderen wirkungsvollen Mittel Sie einsetzen können, erfahren Sie im nächsten Kapitel.

2. DIE RECHERCHEPHASE

2.5 Reziprozität

2.5

REZIPROZITÄT

Krasses Wort. Krasser Effekt.

Wenn wir jemandem etwas schenken, erwarten wir insgeheim, dass er uns auch irgendwann etwas schenken wird. Das ist die ungeschriebene Regel des Geben-und-Nehmens. Genau das nennt man Reziprozität. Für Verkäufer gibt es verschiedene Ansätze zum Geben: Beispielsweise Geschenke, Sonderleistungen oder Rabatte. Reziprozität funktioniert online ebenso gut wie offline.

Für Sie wichtig: Was können Sie Ihrem Kunden als besonderes Bonbon anbieten? Die nachfolgenden Beispiele helfen Ihnen als Tippgeber bei der Ideenfindung.

HAUTNAH

Wir kennen Kosmetikerinnen, die sündhaft teure Pflegeprodukte anbieten. Diese Produkte verkaufen sich durch ihren hohen Preis sehr schwierig. Doch dank Reziprozität gelingt auch das: Den richtigen Durchbruch erreichen Kosmetikerinnen mit Hautanalyse-Terminen, die sie verschenken.

Der Kunde erkennt diese Hauttests als wertvollen Service bzw. großzügiges Geschenk an. So entsteht in ihm das Gefühl, etwas zurückgeben zu wollen oder sogar zu müssen. Folglich kauft er auch ein oder mehrere der teuren Pflegeprodukte. Eine schöne Form der Kundenpflege und ein Umsatz-Booster.

HIER GEHT'S UM EMPFEHLUNGSMARKETING!

TIEFSCHÜRFER

Die klügsten Bauern ernten die dicksten Kartoffeln

Ein Unternehmen aus der Agrarwirtschaft analysiert kostenlos Ackerböden von Landwirten. Auch dieses Geschenk hat einen hohen Geldwert. Warum also nimmt das Unternehmen kein Geld für diese Leistung? Ganz einfach: weil das Ergebnis dieser Analysen zeigt, welchen Nährstoffmangel der entsprechende Boden hat. Und für diesen Mangel hat das Unternehmen natürlich die passende Lösung im Angebot. Es verkauft den Landwirten spezielle Pflanzen, die dem Boden die benötigten Stoffe wieder zuführen.

Auch hier gilt: Das kostenlose Geschenk führt zu gesteigertem Umsatz und glücklichen Kunden. Die begeisterten Landwirte erzählen zusätzlich von diesem Service. So sprechen sie gleichzeitig eine gute Empfehlung aus. Sie sehen, wie geschickt die unterschiedlichen Tipps des Lead-Loop® ineinandergreifen. In diesem Fall Reziprozität und Empfehlung.

Achtung, Sie sind höchstwahrscheinlich kein Landwirt. Daher gilt, wie für alle Beispiele: Nicht kopieren, sondern kapieren!

KUNDENFANG AN DER UNI

Angehende Akademiker stehen häufig vor dem Problem, nicht zu wissen, wie man sich erfolgreich bewirbt. Ein bekanntes Finanzdienstleistungsunternehmen greift dieses Problem auf, um neue Kunden zu gewinnen. Es bietet hierzu hochwertige Bewerbungs-Trainings an. Natürlich kostenlos!

Diese Maßnahmen sind nicht nur sehr begehrt, sondern auch sehr erfolgreich für das Unternehmen. Die Kunden von morgen fühlen sich von Anfang an gut betreut. Im Sinne der Reziprozität entwickeln die Kunden das Gefühl, Produkte des Anbieters kaufen zu wollen bzw. zu müssen. Die Neukunden werden so bereits an der Hochschule gewonnen.

VERKAUF GEHT DURCH DEN MAGEN

Denken wir an den Supermarkt-Einkauf: Wer von uns kennt nicht die netten Damen, die Käsehäppchen oder ähnliche Leckerbissen anbieten? Der Kunde greift erfreut zu und legt das Produkt anschließend gerne in seinen Einkaufswagen. Das ist der Zauber der Reziprozität.

Und was glauben Sie, ist der Grund, warum Sie in Luxus-Läden einen Espresso oder ein Glas Champagner kostenfrei angeboten bekommen? Weil Sie dann lieber und direkt dort kaufen werden. Dies zielt auf Ihr Gewissen und trifft Ihre Brieftasche.

Die Frage ist nun: Was ist Ihr Käsehäppchen, mit dem Sie die Mäuse fangen können?

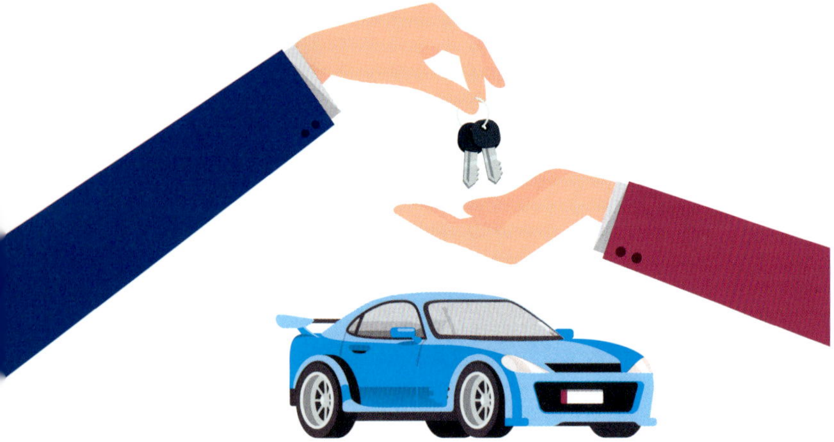

HARRY, HOL DEN WAGEN …

… oder: So holen Sie Ihren Kunden ab

Wie würden Sie reagieren, wenn Sie plötzlich vor Ihrem Geschäft zur Probefahrt mit einem Luxuswagen überrascht werden? Ein Autohändler tat genau dies: Er suchte seine zwanzig besten Kunden heraus. Alle bereits Besitzer des Vorgängermodells. Unangekündigt und als Geschenk, stand er vor der Tür und bot ihnen eine Probefahrt mit dem neuen Modell an.

Der Besuch lief wie folgt ab: Er fuhr zu einem Kunden und parkte den Probewagen so vor dessen Ladenlokal, dass man das Auto gut sehen konnte. Dann stieg er aus, setzte sich auf den Beifahrersitz und rief seinen Kunden an: „Ich habe eine kleine Überraschung für Sie – schauen Sie mal raus!"

Sie können sich sicherlich das verblüffte Gesicht des Kunden vorstellen. Logisch, dass er nach dem ersten Staunen gerne auf dem Fahrersitz Platz nahm. Das Ergebnis war, dass er umgehend nach der geschenkten Probefahrt den Kaufvertrag zum Neuwagen unterschrieben hat. Tag versüßt, Auto verkauft.

Mit dieser Maßnahme war der Autohändler so erfolgreich, dass vier von zwanzig Kunden innerhalb einer Woche bei ihm ihren neuen Wagen gekauft haben. Was für eine Abschlussquote!

So erfolgreich kann Reziprozität sein.

SCHMACKHAFTE GOODIE-BAG

Vapiano, die Restaurant-Kette mit italienischer Küche, setzt auf kostenlose Erlebnis-Events. So werden regelmäßig Ladys Nights veranstaltet. Im Fokus steht hierbei die Kundenbindung, damit die Ladys auch während späterer Shoppingtrips gerne bei Vapiano einkehren und ihr Essen genießen.

Dieser Event beinhaltet ein weiteres Reziprozitäts-Level:
Neben den obligatorischen Piccolos als Begrüßung überreicht das Restaurant den Teilnehmerinnen auch Goodie-Bags. Diese sind gefüllt mit Kosmetika und Gutscheinen von Schönheitsstudios.
Im Gegenzug bewerben diese Studios ebenfalls die Ladys Nights. Ein buchstäblich schöner Win-win-Effekt.

Jetzt sind Sie an der Reihe: Was könnten Sie in Ihre „Goodie-Bag" packen? Welche Kooperationen können Sie dafür starten?

RABATTE

Bis hierhin haben wir uns im Thema Reziprozität auf die Geschenke konzentriert. Rabatte funktionieren sehr ähnlich. Was diese in den Köpfen Ihrer Kunden auslösen, erfahren Sie jetzt.

KÖRPEREIGENE DROGEN

Kein Witz, unser Gehirn funktioniert irrational, wenn es Rabatte sieht. Dies wurde sehr schön in einem Experiment der WDR-Sendung „Quarks & Co" demonstriert. Dort wurden den Probanden Reinigungsmittel für jeweils 59 Cent pro Flasche gezeigt. Gleichzeitig wurde ihnen ein Set, bestehend aus drei dieser Flaschen, präsentiert. Dieses Set sollte 1,99 Euro kosten.

Sie ahnen vielleicht bereits, was geschah: Ohne nachzurechnen, griffen mit Abstand die meisten der Probanden nach dem Set. Ein Set suggeriert einen Preisnachlass bzw. Rabatt.

Der Neurowissenschaftler Christian Elger formuliert diese Erkenntnis in einem Gespräch mit dem FOCUS Magazin so: „Schnäppchenwerbung wirkt in unserem Gehirn wie eine Prise Kokain. Prozentzeichen führen zur Ausschüttung von Botenstoffen, die ein Wohlgefühl erzeugen." Elger glaubt, dass jeder Mensch, unabhängig von der Dicke seiner Geldbörse, mit Rabatten zu ködern ist. Dem Gefühl, ein Schnäppchen zu machen, kann kaum jemand widerstehen.

MERKE:
Eine Studie des Bonner Hirnforschers Bernd Weber bestätigt diese Sicht auch im Kernspintomographen. Bei der Aussicht auf Rabatte kommt das Belohnungszentrum des Gehirns in Fahrt. Es führt zu einer Ausschüttung von Dopamin. Und Dopamin ist ein Neurotransmitter, der Glücksgefühle hervorbringt.

TIPP:

Nutzen Sie dieses Wissen und arbeiten Sie von heute an bewusst mit Rabatten und Prozenten. Schnüren Sie Pakete und geben Sie einen Rabatt. Es müssen gar nicht viele Prozente sein. Alleine ein oder zwei Prozent reichen schon aus. Sie werden sehen, wie viel besser sich das Paket verkaufen lässt.

Es ist jedoch nicht sinnvoll, ausschließlich mit Rabatten zu arbeiten. Denn sonst gewöhnt sich der Kunde daran und wird sie aktiv einfordern. Wie oben bereits beschrieben: Die Dosis macht den Unterschied. Es ist also entscheidend, dass Sie wissen, zu welchem Zweck Sie Rabatte geben. Es geht hier um Preissenkung als Lockmittel, das kann zur Produkteinführung sinnvoll sein oder als zeitlich begrenztes Special. Aber es darf nicht zur Gewohnheit werden. Sonst nutzt sich der Effekt ab.

CALL A KUNDE

Der Münchener Lieferdienst Call-a-Pizza vergibt zehn Euro Rabatt für jede Erstbestellung. Da läuft einem ja das Wasser im Mund zusammen, wenn man so viel sparen kann. Das Gehirn kann gar nicht mehr anders als zugreifen. Pizzen mit Glücksgefühlen werden geliefert und die Neukunden sind gewonnen.

Mit einem Rabatt bei Erstbestellung fängt man nicht nur erfolgreich Neukunden in der Recherchephase ein, sondern man umgeht auch geschickt das Problem der Einmal-Rabatt-immer-Rabatt-Forderung von Kunden.

NEWSLETTER = NEW LEADS

Nutzen Sie Rabatte, um Leads zu generieren. Bieten Sie jedem User, der sich auf Ihrer Website zum Newsletter anmeldet, einen Rabatt oder Gutschein an.

SPÜRNASE GUTSCHEIN

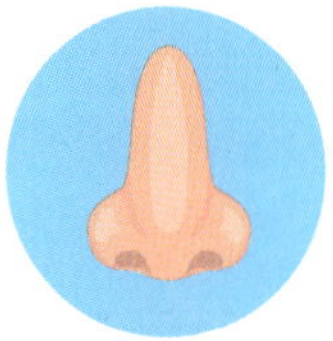

So wissen Sie, welche Werbung Ihnen wirklich etwas bringt

Besonders nützlich ist Ihr Gutschein, wenn Sie ihn mit einem Vorteils-Code versehen. Sobald der Kunde seinen Gutschein bei Ihnen einlösen möchte, können Sie anhand des Codes erkennen, bei welcher Werbeaktion Ihr Kunde auf Sie aufmerksam wurde. War er Teil einer Print-Kampagne oder wurde er auf einer Messe verteilt?

Ein Code ist ein wunderbares Mittel, um eine Kundenreise zurückzuverfolgen. So können Sie messen, welche Werbeaktion Ihnen tatsächlich etwas gebracht hat und auf welche Sie in Zukunft verzichten können.

ZEIG' MIR DEINEN CODE UND ICH SAG' DIR, WER DU BIST!

Sie wissen nicht nur, woher Ihr Kunde den Gutschein hat, sondern auch, für welches Produkt er sich interessiert. Diese Information ist sehr wertvoll. Speichern Sie diese gut in Ihrer Datenbank ab. Sollten Sie keine Datenbank haben, dann notieren Sie sich diese Information sehr gut.

Denn Sie sollten sich eines bewusst machen: Sie besitzen bereits Informationen über Ihren (Neu-)Kunden, bevor er überhaupt gekauft hat. So können Sie ihm personalisierte Werbung zusenden. Das bedeutet, Sie senden ihm Werbung, die sich genau auf seine Vorlieben bezieht. Keine Zauberei, sondern geschicktes Marketing.

Unter uns:
Wenn Sie jetzt glauben: „Bei mir wirkt das alles nicht", ist das kein Grund, es nicht zu probieren. Denn Fakt ist: Es funktioniert. Wissenschaftlich erwiesen!

FAZIT:
Mit Hilfe der Reziprozität können Sie Kunden in der Recherchephase einfangen und für Ihr Unternehmen interessieren. Sie funktioniert online wie offline. Legen Sie geschickte Köder und führen Sie den Kunden in die Kaufphase.

3. DIE KAUFPHASE

3.1 Eintrittssicherheit

3.1

DIE EINTRITTSSICHERHEIT

Yes, wir sind in der Kaufphase! Die Recherchephase ist durchlaufen und Ihr Kunde hat den Weg zu Ihnen gefunden. Jetzt heißt es: Butter bei die Fische! Damit Ihr Fisch am Haken bleibt, gilt es, ihn persönlich in der Kaufphase zu überzeugen. Ihm zu versichern, dass der Eintritt zu Ihnen richtig ist.

Die Kaufphase kann, ebenso wie die vorherigen Phasen, online wie offline stattfinden. Online gibt es zahlreiche Tricks, um z. B. Ihre Website erfolgsorientiert zu gestalten. Offline gilt es, im Kaufgespräch zu überzeugen.

Sie als Anbieter müssen sich über eins im Klaren sein: Die Kunden haben sich in der Recherchephase gut informiert. Sie kommen mit einer klaren Absicht auf Sie zu. Der Kunde von heute hat eine Vorentscheidung getroffen: Er hat Sie ausgewählt. Darüber dürfen Sie sich freuen.

DER MATCH-CODE

Nehmen Sie es bitte persönlich

Es ist so weit: das erste persönliche Gespräch zwischen Ihnen und Ihrem Kunden. Der Match-Code wird hier geknackt. Ist der andere mir sympathisch? Ihr Kunde prüft, ob bewusst oder unbewusst, inwieweit er Ihnen vertrauen kann. Hier vermitteln Sie ganz viel über Ihre Körperhaltung. Geben Sie lasch die Hand oder freundlich fest? Sind Sie dem anderen zugewandt oder stehen Sie ihm abweisend gegenüber? Stehen Sie aufrecht und beweisen Sie Rückgrat? Können Sie Blickkontakt halten? Ihre Körperhaltung spiegelt immer Ihre Geisteshaltung wider.

PSYCHOLOGISCH? LOGISCH!

So machen Sie Kunden zu Ihren Freunden

Dieses funktioniert auch umgekehrt. Achten Sie darauf, wie Ihr Gegenüber auftritt. Macht er eine kleine Bewegung nach hinten, kurz nach der Begrüßung? Oder geht er eher forsch auf Sie zu und erwidert Ihren Händedruck? Hier verrät Ihr Gegenüber viel über seine Beziehung zu Ihnen und zu Menschen allgemein. Haben Sie es mit einem Menschen zu tun, der Nähe sucht, oder ist Ihrem Gesprächspartner die sichere Distanz lieber?

Achten Sie auf kleine Signale und reagieren Sie auf diese im Laufe des weiteren Gesprächs. Das ist Verkaufspsychologie einfach gemacht.

4 SCHNELLE TIPPS FÜR EIN POSITIVES VERKAUFSGESPRÄCH

1. **Lächeln Sie Ihren Gesprächspartner an**
2. **Ihr Händedruck sollte freundlich fest sein**
3. **Schauen Sie Ihrem Gesprächspartner in die Augen**
4. **Hören Sie ihm bewusst zu**

DER KOMPETENZCHECK

So werden Sie als Fachmann wahrgenommen

Nach dem Match-Code folgt der persönliche Kompetenzcheck. Hier möchte Ihr Kunde erfahren, ob Sie wirklich was drauf haben. Es kommt darauf an, dass Sie ihn jetzt von Ihrem Können überzeugen.

Stellen Sie sich vor, Sie gehen zu einem Arzt. Schon in der ersten Minute des Gesprächs machen Sie sich ein Bild von ihm und seinen Fähigkeiten.

Das Auftreten des Arztes und die Fragen, die er Ihnen stellt, sind hierbei elementar wichtig. Doch Überraschung: Es gibt noch weitere Komponenten, die eine große Auswirkung auf Ihr Urteil haben. Dazu gehört u. a. auch die Einrichtung seiner Praxis, bis hin zu den Bildern, die an den Wänden hängen. All das spielt bewusst oder unbewusst eine Rolle für die Frage: Ist dieser Arzt der richtige für mein Anliegen?

Online funktioniert das alles sehr ähnlich! Auch hier zeigen Fotos von Ihnen und Ihrem Team, wie sympathisch Sie sind. Über Texte vermitteln Sie fachliche Kompetenz.

Sie sind dran:

Überlegen Sie sich, mit welchem Anliegen Ihre Kunden zu Ihnen kommen. Wie beweisen Sie in den allerersten Minuten des Gesprächs, dass genau Sie der Richtige sind. Das ist dann Ihr Kompetenzcheck.

UNSERE LIEBLINGS-KOMPETENZCHECKS

Kurze und knackige Tipps von den Besten

1

Der Steuerberater, der seinem Kunden beim Einschenken des Kaffees eine wichtige Frage stellt: „Wissen Sie eigentlich, wie viele Steuerarten es auf Kaffee gibt?" Zusammen führen er und sein Kunde dann die ganzen Steuerarten auf. Dann fragt der Steuerberater noch: „Und welches Wort kommt heraus, wenn Sie bei der Steuer das S weglassen? Genau, teuer. Und deswegen sind Sie ja heute hier. Damit es für Sie nicht teuer wird."

2

Der Staubsaugervertreter, der das Können seines Staubsaugers unter Beweis stellt. Dazu saugt er das Kissen seiner zukünftigen Kundin ab. Anschließend zeigt er ihr unter dem Mikroskop, was da alles kreucht und fleucht. Um in Zukunft noch gut auf ihrem Kissen zu liegen und zu schlafen, kann die Kundin fast nicht anders, als den Staubsauger zu kaufen. Sie hat es ja mit eigenen Augen gesehen.

3

Der Sicherheitsexperte, der seinem Kunden den Schreck seines Lebens verpasst. Beim Haustermin lässt sich der Experte erst den Haustürschlüssel zeigen und schmeißt diesen dann kurzerhand in den Flur und zieht sofort von außen die Wohnungstür zu. Dann beweist er dem potenziellen Kunden, der verdutzt mit ihm draußen steht, wie leicht seine Tür mit gängigen Einbruchswerkzeugen zu öffnen ist. Das Sicherheitsschloss danach ist schon so gut wie verkauft.

4

Der Übersetzer, der gleich zu Beginn des Vorstellungsgesprächs seinen künftigen Kunden in der entsprechenden Fremdsprache begrüßt.

5

Der Zauberer, der ganz easy bereits zur Begrüßung eine Probe seines Könnens zeigt, indem er den Vertrag aus dem Hut zaubert.

6

Der Computer-Hacker, der als Redner zum Thema Datensicherheit gebucht ist. Nach kurzer Zeit projiziert er Inhalte einiger Handy-Kurznachrichten, die im Saal verschickt wurden, an die Wand. Die Verblüffung ist groß und die Überzeugung vom Können des Referenten ebenso.

Das sind starke Einstiege. Sie funktionieren alle mit der Mischung aus Kompetenz und dem Überraschungseffekt. So bleiben Sie dem Kunden im Gedächtnis und erreichen seine Aufmerksamkeit. Denn Emotionen sind hier ein wichtiger Schlüssel, um das zu erzielen.

Jetzt sind Sie and der Reihe:
Überlegen Sie, wie Sie Ihre Kompetenz auf erfrischende und überraschende Art und Weise vermitteln können.

Wenn Ihnen auch ein genialer Kompetenzcheck gelungen ist, lassen Sie uns gerne daran teilhaben. Schicken Sie uns Ihren Gesprächseinstieg einfach an service@roger-rankel.de.

EINSTEIN ODER GREENHORN?

Sie haben jetzt die Aufmerksamkeit? Der Kunde ist ganz bei Ihnen? Finden Sie jetzt heraus, auf welchem Wissenslevel Ihr Gegenüber sich befindet. Erinnern Sie sich? Der Kunde von heute kommt aufgeschlaut durch die Recherchephase zu Ihnen.

Um den Wissensstand Ihres Kunden zu erfahren, stellen Sie Orientierungsfragen, die Ihnen zeigen, wie weit er sich bereits auskennt. Ist ihm Ihr Fachvokabular bekannt? Wenn ja, können Sie dem Kunden auf einem ganz anderen Niveau begegnen. Wenn nein, achten Sie darauf, dass Sie Fachbegriffe erklären und den Kunden dort abholen, wo er sich gerade befindet.

Stellen Sie sich einen Baumarkt-Mitarbeiter vor, der auf einen Kunden zugeht, der sich gerade Rasenmäher anschaut. Er findet schnell heraus, dass der Kunde interessiert ist an einem solchen Gerät. Doch weiß der Kunde auch die Unterschiede zwischen den einzelnen Rasenmäherarten? Kennt er die neuesten Entwicklungen auf diesem Gebiet? Hat er vielleicht schon einen Favoriten? Spielen Sie Detektiv.

SCHILDKRÖTE ODER RENNPFERD?

Sie haben jetzt bereits den Match-Code und den Kompetenzcheck bestanden und verstehen, auf welchem Wissenslevel sich Ihr Kunde befindet. Das heißt, Sie haben schon mit ihm kommuniziert und seine Art etwas näher kennengelernt. Nun geht es um das Sprachtempo. Gehen Sie auf genau diese Art ein. Passen Sie sich ihm an.

TIPP:

Wenn Ihr Kunde eine Schildkröte ist, der mit Bedacht spricht und etwas länger braucht, bis die Antwort kommt, dann lassen Sie ihm diese Zeit. Der Schildkröte-Typ benötigt kurze Ruhezeiten, um sich zu sortieren und seine Gedanken zu ordnen. Lassen Sie ruhig Gesprächspausen entstehen. Das wird dieser Typ Mensch als angenehm empfinden. Der Lohn wird sein, dass er sich von Ihnen verstanden fühlt und Ihnen auch bei einem Kaufabschluss vertrauen wird.

Wenn Sie es mit einem Rennpferd-Typ zu tun haben, dürfen Sie das Tempo gerne ein wenig steigern. Geben Sie Gas. Dieser Typ Mensch braucht Action und Adrenalin. Lange Sätze und entsprechend umfassende Pausen sind nicht sein Ding. Achten Sie darauf, das Tempo in der Beratung aufrechtzuerhalten. Geben Sie Gas!

SMART TALK STATT SMALL TALK

Vielleicht fragen Sie sich jetzt: Und was ist mit dem ach so wichtigen Small Talk? Die erleichternde Antwort heißt: Vergessen Sie ihn. Warum? Ganz einfach: Small Talk macht Sie kleiner. Warum sollen Sie sich mit dem Kunden über seine Anreise mit dem Auto unterhalten? Sie sind Experte und keine Worthülsen-von-sich-Geber. Das macht nur dann Sinn, wenn Sie Autohändler sind und es um einen Autokauf geht. Dann können Sie in dem Vorgeplänkel schon Ihr Wissen über Autos einfließen lassen, um Ihre Kompetenz zu demonstrieren.
Oder nehmen wir den bereits oben beschriebenen Übersetzer. Er könnte gerne in einer Fremdsprache Small Talk betreiben. Bei ihm wäre das dann direkt als Kompetenz-Beweis zu verstehen.

Zusammenfassend für die persönliche Kommunikation kann man sagen:
Zielführend ist das, was angemessen ist. Das gilt für die Art:

- **wie Sie Ihre Kompetenz verdeutlichen**
- **wie Sie erkunden, auf welchem Wissenslevel sich Ihr Kunde befindet**
- **wie schnell Sie reden**

Und denken Sie daran:

Machen ist wie wollen, nur krasser

Sie können sich viel vornehmen. Doch letzten Endes kommt es darauf an, was Sie TUN. Verstehen und dann umsetzen ist die Devise. Dies gilt auch für den Online-Kompetenzcheck. Natürlich liegt ein Teil der Arbeit auch in den Händen Ihres Webdesigners. Aber der Auftrag dazu muss erst erteilt werden. Und das ist Ihr Job. Worauf Sie achten müssen, erfahren Sie im Folgenden.

ONLINE-KOMPETENZ

Es gibt bei allen Punkten der Online-Kompetenz einen einfachen, gemeinsamen Nenner. Und der heißt Benutzerfreundlichkeit. Was bedeutet Benutzerfreundlichkeit für eine Website?

DIE 5 WICHTIGSTEN TIPPS, DAMIT USER IHRE SEITE LIEBEN

1

Responsive Design

Mit dem Fachbegriff Responsive Design beschreiben Webdesigner die Tatsache, dass sich eine Website automatisch an alle Endgeräte und ihre Bildschirmgrößen anpasst. Dieser Punkt ist extrem wichtig! Denn die Mehrheit der User geht bereits heute mit mobilen Geräten wie Tablet oder Smartphone ins Internet. Achten Sie darauf, dass Ihre Website auch auf dem Handy funktioniert und alles gut zu lesen ist.

Ladegeschwindigkeit

Achten Sie darauf, dass das Laden Ihrer Website nicht zu lange dauert. Denn warten ist nervig! Einer der Hauptgründe, eine Website wieder zu verlassen, ist, wenn sie einfach nicht laden will. Wie schade, denn so berauben Sie sich als Website-Betreiber selbst der Chance, mit Inhalten zu punkten.

2

Und testen Sie die Ladegeschwindigkeit nicht nur an Ihrem PC. Besuchen Sie Ihre Website testweise auch einmal vom Handy aus. Am besten noch ohne WiFi. Ihre Ladezeit können Sie verkürzen, indem Sie die Daten komprimieren. Dies gilt vor allem für Bilder. Videos sollten Sie zusätzlich streamen. Das bedeutet, dass das Video bereits starten kann, wenn es noch gar nicht zu Ende geladen wurde.

Klarheit

3

Die Website muss übersichtlich sein. Weniger ist mehr. Verzichten Sie auf überflüssigen Schnick-Schnack. Zeigen Sie dem User sofort, dass er gefunden hat, wonach er sucht. Dies schaffen Sie durch das richtige Bild und die entsprechende Überschrift. Erinnern Sie sich an das Blaue-Rosen-Beispiel aus dem Kapitel Online-Marketing? Wenn Sie blaue Rosen verkaufen, zeigen Sie bereits ganz oben auf Ihrer Website ein Foto von blauen Rosen und schreiben dies auch in der Überschrift.

Außerdem sollten die Inhalte gut strukturiert sein. Gliedern Sie Ihre Texte in Headline, Subheadline und Fließtexte. So kann der User die Seite im positiven Sinne überfliegen und erkennen, welche Stellen ihn besonders interessieren.

Call-to-Action

4

Bauen Sie klare Handlungsaufforderungen (engl. call-to-action) ein. So fällt es dem User leichter, in die Aktion zu kommen. Ein Button mit der Beschriftung „Jetzt kaufen" gibt Ihrem Kunden nicht nur den Kaufimpuls, sondern weist ihm gleichzeitig den Weg: „Hier muss ich klicken, wenn ich dieses Produkt kaufen will."

Weitere Call-to-actions können „Hier Infomaterial anfordern" oder „Jetzt Termin vereinbaren" sein. Beschreiben Sie möglichst klar und einfach, was der User tun soll.

5

Feedback

Feedback ist wichtig. Bestätigen Sie Ihrem Kunden, dass alles glatt läuft. Dass die Ware im Warenkorb gelandet oder die Bestellung bei Ihnen angekommen ist. Kurz: dass er alles richtig gemacht hat. Eine automatisch generierte E-Mail erfüllt z. B. diesen Zweck.

LASSEN SIE DIE KATZE AUS DEM SACK

Das betrifft jetzt weniger die technischen Aspekte Ihrer Website oder deren Aufbau, sondern vielmehr Ihre Selbstdarstellung im Internet. Unser klarer Rat ist: Bleiben Sie sich selbst treu. Stellen Sie sich und Ihre Mitarbeiter auf Ihrer Unternehmensseite so dar, wie Sie wirklich sind. Also so authentisch wie möglich.

ECKEN UND KANTEN

Ein Unternehmensberater, der beispielsweise tätowiert ist und eher gegen den Strom schwimmt, darf das auch ruhig auf seiner <u>Website</u> zeigen. Wenn eine Firma schon mit seinem Aussehen Schwierigkeiten hat, dann wahrscheinlich auch mit dessen Art und Weise. Schon das Kennenlernen würde sich schwierig gestalten. Denken Sie an den zuvor beschriebenen <u>Match-Code</u>.

<u>Non-Konformität</u>, also das Abweichen von der Regel, dient auch dem Alleinstellungsmerkmal. Keine falschen Hoffnungen wecken, sondern für die richtigen Kunden attraktiv sein. Stehen Sie zu sich selbst. Für Ihren Kunden gilt: „What you see is what you get!" Also zu Deutsch: „Du bekommst das, was du siehst!"
Auf einer Partnerbörse im Internet bringt es auch wenig, sich per Photoshop Muskeln draufzupacken. Wenn das erste echte Treffen ansteht, kommt die Wahrheit eh ans Licht.

3. DIE KAUFPHASE

3.2 Bedarfsermittlung

3.2

BEDARFSERMITTLUNG

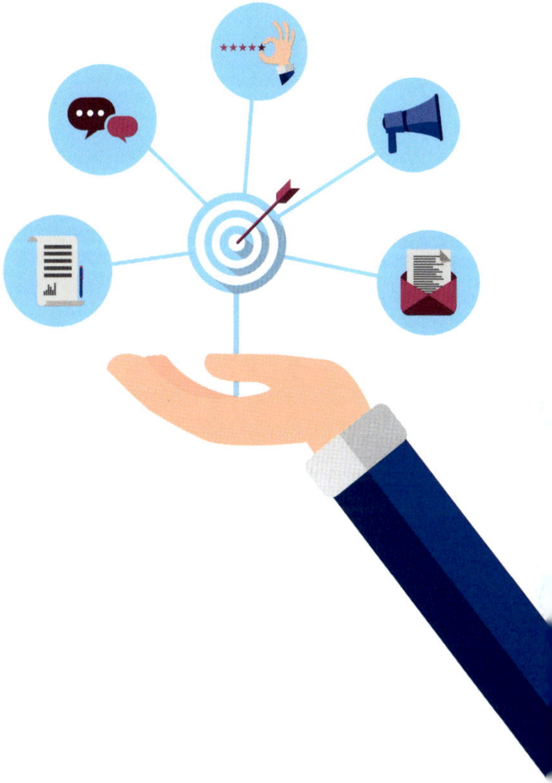

Sie haben sich perfekt im Internet präsentiert. Sie haben den Match-Code geknackt und den Kompetenzcheck mit Bravour absolviert. Ihr Kunde weiß jetzt, dass er es mit einem Experten zu tun hat. Aber wissen Sie, mit wem Sie es bei Ihrem Kunden zu tun haben?

Darum geht es in diesem Kapitel: Lernen Sie Ihren Kunden besser kennen. Dabei können Ihnen eine gute Beobachtungsgabe und die richtige Frage enorm helfen.

LUST ODER FRUST

Top oder hopp

Es gibt zwei Grundmotive, aus denen heraus Menschen etwas kaufen: Lust oder Frust. Erstens, es bereitet enormes Vergnügen, etwas zu kaufen und dieses dann zu besitzen. Zweitens, die Sorgen, die zum Kauf hinführen, sind so groß, dass sie nur durch dieses Produkt oder diese Dienstleistung verschwinden.

Fragen Sie sich also ganz genau: Aus welchen Gründen kaufen die Leute Ihr Produkt oder Ihre Dienstleistung? Aus Lust oder aus Frust? Die Antwort ist wichtig für Ihre weitere Verkaufsstrategie.

ASTON MARTIN ODER ASPIRIN

Luxusautos gehören ganz klar in den Lustbereich. Das nimmt teilweise schon irrationale Formen an. Unsummen werden für ein Auto bezahlt, nur weil es einen bestimmten Namen trägt. Warum ist das so? Weil es hier ganz klar um mehr als das reine Produkt geht. Es geht um Lifestyle und Imagepflege. Genau das merkt man auch bei der Kommunikation rund um die Luxuskarossen. Wie stolze Käufer von ihrem Auto erzählen, wie noble Autohäuser räumlich durchdacht sind, wie Kunden dort hofiert werden und wie die exklusive Werbung gestaltet ist. Lust, Lust und nochmal Lust.

Die andere Motivation zur Kaufentscheidung ist z. B. bei Versicherungen anzusiedeln. Es bringt wohl den wenigsten Kunden Lust, einen solchen Vertrag zu unterschreiben. Man hofft sogar, dass man ihn nie in Anspruch nehmen muss. Aber nach der Vertragsunterzeichnung sind der vorherige Frust und die Sorgen direkt etwas weniger. Die Kopfschmerzen sind gemildert.

ADAM UND EVA

Bei einer Partnerbörse ist interessanterweise beides vorhanden: Durch den Frust über die aktuelle Single-Situation melden sich Menschen an, weil sie auf freier Wildbahn kein adäquates Gegenstück finden. Die Menschen, die einfach Lust auf neue, aufregende Erlebnisse haben, sind hier ebenso aktiv.

LUPE AUF DEN KUNDEN

Wie können Sie diese neuen Erkenntnisse für Ihren Verkauf nutzen? Erinnern Sie sich an das Beispiel des Staubsaugervertreters im letzten Kapitel? Der hat durch das Absaugen des Kissens der Kundin Kopfschmerzen hervorgerufen. Die Krabbelviecher haben der Kundin klargemacht, dass sie ein Problem hat. Frustalarm! Und der Staubsauger war die praktische Lösung dafür.

Hätte der Staubsaugervertreter allerdings einfach langweilig über die Leistung seines Produktes gequasselt, wie viel Watt er hat, welche Düsen dabei sind etc., hätte das die Kundin gar nicht interessiert. Denn sie hatte noch keine Probleme.

Es kommt also darauf an, dass Sie herausfinden, wo Sie mit Ihrem Produkt am besten ansetzen. Eine große Hilfe in diesem Zusammenhang ist es, den Kunden aufmerksam zu beobachten.

3 HEISSE TIPPS, WIE SIE IHRE KUNDEN BESSER LESEN LERNEN

1 Kleider machen Leute

Welche Kleidung trägt Ihr Kunde? Zurückhaltend, traditionell oder extravagant, modisch? Will er eher nicht anecken? Oder liebt er das Besondere? Geben Sie ihm in jedem Fall das passende Szenario, in dem er sich wohl fühlt. Nur so trifft er seine Kaufentscheidung.

2 Wie man in den Wald hineinruft …

Beginnen Sie bei sich selbst: Wenn Sie offen sind, öffnet sich auch Ihr Gegenüber. Treten Sie freundlich und zugewandt auf. Lächeln und begeistern Sie durch spannende oder interessante Storys rundum Ihr Produkt. Denn Begeisterung überträgt sich.

3 Schau mir in die Augen

Beobachten Sie besonders die Augenpartie und die Stirn Ihres Gegenübers. Hier können Sie am ehesten seine Stimmung ablesen. Ist er traurig, ängstlich oder gelangweilt? Runzelt er die Stirn? Oder hebt er beispielsweise interessiert seine Augenbrauen an. Wenn Ihnen die Stimmung klar wird, sollten Sie empathisch darauf eingehen.

WER FRAGT, DER FÜHRT

„Warum, warum, warum?" – wer so fragt, ist gar nicht dumm

Mit dieser cleveren Fragetechnik erkennen Sie den Kern der Sache. Das funktioniert nicht nur bei Kunden, sondern auch bei Abläufen im eigenen Unternehmen.

Dass Warum-Fragen ein tieferes Verständnis hervorbringen, wissen schon kleine Kinder. Sie nutzen diese Fragetechnik unbewusst. Wie auch Erwachsene durch Warum-Fragen dem echten Problem auf die Spur kommen und es so nachhaltig lösen, sehen Sie im folgenden Beispiel. Es geht um die Klärung der Frage, warum Liefertermine nicht eingehalten werden:

1

Warum-Frage: „Warum werden Liefertermine nicht eingehalten?"
Antwort: „Weil die Verkäufer nicht einhaltbare Liefertermine zusagen. Sie stimmen diese vorher nicht mit der Produktion ab."

2

Warum-Frage: „Warum stimmen sich die Verkäufer nicht mit der Produktion ab?"
Antwort: „Weil sie eine schnelle Terminzusage als Verkaufsargument nutzen und sich darauf verlassen, dass die Produktion das schon hinbekommt."

3 **Warum-Frage:** „Warum verlassen sich die Verkäufer darauf?"
Antwort: „Weil die Verkäufer nicht auf die Terminplanung der Produktion zugreifen können und die Produktionszeit nicht abschätzen können."

4 **Warum-Frage:** „Warum haben die Verkäufer keinen Zugriff auf die Terminplanung?"
Antwort: „Weil die Verkäufer noch nicht an das Intranet angebunden sind."

5 **Warum-Frage:** „Warum sind die Verkäufer noch nicht an das Intranet angebunden?"
Antwort: „Weil für die externen Verkäufer noch kein Zugang eingerichtet wurde."

Erst jetzt ist der Weg für die Lösung des Problems frei. Die technische Abwicklung des Zugangs wird geklärt und die entsprechende Schulung der Verkäufer wird in die Wege geleitet. Fünf Warum-Fragen führten zum Kern des Problems. Die Lösung kann erfolgen.

MERKE:

Beobachten Sie Ihren Kunden sehr sorgfältig. Nutzen Sie hierbei das gelernte Lust-Frust-Wissen und gezielte Warum-Fragen. So erfahren Sie viel über Ihren Kunden und können Ihre Produkte oder Dienstleistungen direkt viel gezielter verkaufen.

Jetzt tauchen wir noch tiefer in die Psyche des Kunden ein. Es geht um den Unterschied von Bedarf und Bedürfnis. Den Unterschied einmal erkannt, bietet er sehr einfache Möglichkeiten, mehr zu verkaufen und somit den Umsatz zu verdoppeln.

BEDARF UND BEDÜRFNIS

So funktioniert Kundengewinnung heute

Kennen Sie den Unterschied zwischen Bedarf und Bedürfnis? Hier ein lebensnahes Beispiel: Nehmen wir an, ein Mann kommt in einen Elektromarkt. Der Verkäufer spricht ihn an und fragt, was er für ihn tun dürfe. Der Mann antwortet, dass er auf der Suche nach einem Fernseher sei.

Dann ist sein Bedarf ein Fernseher. Genau! Aber was ist sein Bedürfnis? Bedürfnisse liegen tiefer und sind dem Kunden oft selber nicht bewusst. Hierhin kommen Sie nur, wenn Sie die wirklich wichtige Frage stellen: Warum? Warum braucht der Kunde den neuen Fernseher? Der alte funktioniert ja noch.

Der Kunde antwortet, dass er seinen alten Fernseher zu klein fände. Der geschickte Verkäufer gibt sich mit dieser Antwort immer noch nicht zufrieden und fragt erneut: „Warum?" Der Kunde berichtet, dass der alte Fernseher bisher zwar immer gereicht habe, aber dieses Jahr doch die Fußball-WM sei. Er möchte diese gerne mit all seinen Fußballfreunden am großen Bildschirm verfolgen.

Aufgepasst! Denn im Bedürfnis liegt die Chance, noch weitere Produkte zu verkaufen. Hinter dem Bedarf „TV-Gerät" liegt nämlich das echte Bedürfnis: Anerkennung. Wenn seine Gäste nach Hause gehen, sollen sie sagen: „Was für ein cooler Abend! So was gibt's nur bei Kalle!"

BEDÜRFNIS, DER WAHRE UMSATZVERDOPPLER

Weiter geht's! Mit diesem Wissen kann der Verkäufer den Kunden nun gezielt beraten. „Sie wollen doch sicher, dass Ihre Freunde von dem Abend noch lange erzählen, nicht wahr? Dann habe ich noch einen Knaller für Sie!"

Und ZACK, liegen noch das Dolby Surroundsystem, die LED-beleuchtete Bierzapfanlage und die Popcornmaschine im Einkaufswagen. So wird das echte Stadiongefühl zu Hause perfekt. Und für die Frau gibt es natürlich on top noch das neueste Tablet. So kann sie ihr eigenes TV-Programm in Ruhe nebenher gucken.

Nutzen Sie die Chance, die Bedürfnisse Ihres Kunden näher kennenzulernen. Es zahlt sich in barer Münze aus. Gleichzeitig fühlt sich Ihr Kunde mit Ihnen stärker verbunden. In einer Welt, in der scheinbar alles und jeder online erreichbar ist, ist persönliche Kommunikation umso wertvoller!

Am Ende geht ein glücklicher Kunde aus dem Geschäft. Und von dem tollen Verkäufer, der ihn perfekt beraten hat, erzählt er noch lange weiter. Empfehlung zusätzlich gesichert. Je genauer Sie also verstehen, was im Kopf Ihres Kunden vor sich geht, desto besser werden Ihre Verkaufszahlen.

So steigern Sie Ihre Zusatzverkäufe im Handumdrehen.

DAS IKEA-MODELL – AUF ALLES EINGERICHTET

Gute Unternehmen kennen den Unterschied von Bedarf und Bedürfnis sehr genau und bedienen auch die unterschwelligen Bedürfnisse ihrer Kunden. IKEA-Kunden haben den Bedarf nach praktischen und modischen Möbeln. Doch manchmal reicht ihr mitgebrachtes Fahrzeug nicht, um alle Spontankäufe zu transportieren.

Was bietet IKEA seiner Kundschaft deshalb an? Einen Leihanhänger zu annehmbaren Konditionen. Bedarf: Möbel. Bedürfnis: Bequemlichkeit. Denn niemand fährt gerne ein zweites Mal. Good Job, IKEA.

Um Ihren Umsatz zu steigern, gilt: „Etwas, etwas anders machen". Hierzu gibt Roger Rankel in seinem gleichnamigen Buch clevere Tipps.

SKIFAHREN STATT SCHNEESCHIPPEN

Ein erstklassiges Apartment-Hotel hat sich ebenfalls Gedanken über die Bedürfnisse seiner Gäste gemacht. Es bietet diesen einen morgendlichen Auto-schneefrei-Service an. Noch bevor die Gäste das Hotel verlassen, ist das Auto von lästigem Schnee frei geräumt. Dieses Hotel hat sogar noch weiter gedacht und einen Einkaufsservice auf die Beine gestellt. So können die Gäste noch länger skifahren.

Dort wurde der Servicegedanke wirklich verinnerlicht. Deshalb braucht sich dieses Hotel über Bedarfsermittlung keinen Kopf mehr zu machen. Wohlgemerkt: Die Kunden haben schon eingecheckt im Hotel, die Kaufphase ist also in vollem Gange und die Bedürfnisse werden den Gästen von den Augen abgelesen.

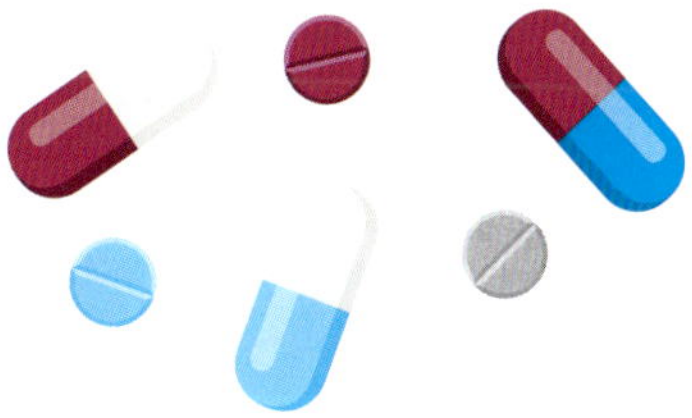

WENN DER APOTHEKER ZWEIMAL KLINGELT

Auch Apotheken kümmern sich heutzutage nicht mehr nur um den direkten Medikamentenbedarf ihrer Kundschaft, sondern auch um das Bedürfnis nach Bequemlichkeit. So sorgen sie sich nicht nur darum, dass der Kunde das gewünschte Produkt in der Apotheke erhält, sondern liefern es ihm auch frei Haus, wenn es gerade nicht auf Lager ist.

Jetzt sind Sie gefragt: Wie sprechen Sie die Bedürfnisse Ihrer Kunden gezielt an, um Ihren Umsatz zu steigern?

3. DIE KAUFPHASE

3.3 Beratung

3.3

BERATUNG

Bergfest!

Die erste Halbzeit des Lead-Loop® ist durchlaufen und wir befinden uns mitten im spannenden Teil Beratung. In diesem Kapitel verraten wir Ihnen, wie Sie Ihren Kunden kompetent beraten und sicher zum Kaufabschluss führen.

ARD + ZDF = RTL

Nein, das sind keine Fernsehprogramme, sondern, als Eselsbrücke, das Wunschprogramm Ihres Kunden. Wenn Sie für den Kunden, der vor Ihnen steht, nicht nur **Z**ahlen, **D**aten, **F**akten (ZDF), sondern auch **A**lle **R**estlichen **D**inge (ARD) in der Beratung berücksichtigen, kommen Sie zu **R**ichtig **T**ollen **L**ösungen (RTL), und damit zum Kaufabschluss.

HEX HEX

Eine geniale Methode, den Deal einzutüten, ist der sogenannte Vorabschluss. Hier formulieren Sie in Ihren eigenen Worten, was Sie bis jetzt in der Beratung über die Wünsche und Bedürfnisse des Kunden herausgefunden haben. Dann lassen Sie den Kunden eine Art Versprechen besiegeln. Warum? Weil es beidseitige Verbindlichkeit erzeugt.

Dafür brauchen Sie lediglich eine kleine Zauberfrage: „Lieber Kunde, und wenn wir das genau so hinbekommen, was heißt das dann für Sie?" Der Kunde kann bei dieser Vorarbeit gar nicht anders als zu sagen: „Das wäre großartig und dann würde ich kaufen." Hand drauf und der Deal ist geritzt. Kinderleicht, nicht wahr? Manchmal muss man halt einfach etwas, etwas anders machen. Im anschließenden Gespräch präsentieren Sie als Experte Ihrem Kunden dann richtig tolle Lösungen.

3 SCHNELLE KOMMUNIKATIONS-TIPPS FÜR DEN VORABSCHLUSS

Nicht nur reden, sondern fragen

Sie wissen seit dem letzten Kapitel, dass Sie nur durch Fragen wichtige Informationen erhalten. Die Warum-Fragen haben wir schon besprochen. Weitere hilfreiche Fragetypen für den Vorabschluss sind:

1

Offene Fragen

Hier reicht eine Ja- oder Nein-Antwort des Kunden nicht. Er muss statt dessen Dinge näher erklären. Ein Immobilienmakler könnte z. B. fragen: „Welche Wünsche haben Sie an Ihre Traumimmobilie?" Diese Technik bringt Ihnen wichtige Informationen, die Sie zur späteren Angebotserstellung und dann zum Vor- oder sogar Kaufabschluss benötigen.

2

Geschlossene Fragen

Sie dienen der Fokussierung des Kunden auf einen bestimmten Punkt. Sie können nur mit Ja oder Nein beantwortet werden. Beispiel: „Kommt auch eine Erdgeschosswohnung für Sie in Frage?" Diese Fragetechnik liefert Ihnen eine konkrete Entscheidungsgrundlage, zu der Sie den Kunden hinführen.

3

Alternativfragen

Diese führen eine klare Entscheidung des Kunden herbei, denn es gibt nur zwei Möglichkeiten für den Kunden. Zu einer muss er nun Ja sagen. Achtung! Bitte gut dosiert einsetzen, sonst bauen Sie zu viel Druck auf! Beispiel: „Wollen Sie das Modell lieber in der Standardausführung oder als Turbolader?" Wenn der Kunde hier entscheidet, hat er innerlich ein klares Ja zu einer der Möglichkeit gefällt. Und nun Hand drauf!

DER TERMIN-TRICK

Wie bereits bei der Terminvereinbarung besprochen, untermauert es Ihren Expertenstatus, wenn Sie direkt zwei Termine ansetzen. Einen zur Analyse des Bedarfs und der Bedürfnisse mit Vorabschluss. Ein weiterer Termin zur Präsentation der Richtig Tollen Lösungen (RTL). So haben Sie Zeit, diese passgenau auf Ihren Kunden zuzuschneiden. Er fühlt sich dadurch wertgeschätzt. Setzen Sie hierbei beratend die passende Fragestellung ein:

1. Termin

Hier sind offene Fragen, die ohne Druck beantwortet werden können, sehr gut geeignet. Sie sondieren erst einmal die Lage und der Kunde darf frei von der Leber weg erzählen, was ihm auf dem Herzen liegt. Man lernt sich so besser kennen und legt den Grundstein für den wichtigen Wert Vertrauen.

2. Termin

Hier gilt es, den Kunden zu einer klaren Entscheidung hinzuführen. Also sind hier die geschlossenen Fragen oder die Alternativfrage das Mittel der Wahl. Zumal Sie natürlich als cleverer Experte direkt eine Alternative für den Kunden in der Tasche haben, falls die erste Lösung nicht zu einem 100%igen „Ja!" bzw. zum Kauf führt. Die zweite wird dann auf jeden Fall die richtige sein.

Apropos zuschneiden: Sehen Sie sich als Maßschneider, der mit dem Kunden über das Material, die Form und den Anlass seines Wunsches spricht. Nehmen Sie Maß und dann erstellen Sie die Lösung für den Kunden pass- und termingenau. Ein Maßanzug liegt schließlich auch nicht auf Lager.

DIE SACHE MIT DEN WERTEN

Ihr Kunde fühlt sich wertgeschätzt, weil Sie auf seine echten Werte (Bedürfnisse) achten. Sie verkaufen ihm ein Produkt, das genau zu seinem Wertesystem passt.

Wenn Sie auf das Wertesystem Ihres Kunden achten, verkaufen Sie ihm auch beispielsweise einen Anzug, obwohl er ein Nicht-so-gerne-Anzugträger ist. Wie funktioniert das?

Achten Sie auf die Kleidung, die Ihr Kunde trägt. Welcher Stil ist das? Ist es ein legerer, jugendlicher Stil, wird er einen legeren Anzug bevorzugen. Wenn Sie Ihm nahebringen, dass ein Anzug auch lässig rüberkommen kann und dass man damit immer passend angezogen ist, sieht der Kunde: Okay, damit habe ich es einfach. Ich bin für jede Gelegenheit cool gekleidet.

Vielleicht wird Ihr Anzug dann sogar zum Markenzeichen für diesen Kunden. Und er kommt dann immer wieder zu Ihnen, um sich neue, coole, individuelle Anzüge schneidern zu lassen. Perfekt beraten, perfekt verkauft.

Wenn Sie jedoch nicht im Wertesystem Ihres Kunden kommunizieren, wird die Kaufphase oft vom Kunden abgebrochen. Stellen Sie sich einen Kunden vor, der in ein Geschäft kommt und eine Jacke kaufen möchte. Er geht zum Verkäufer und fragt ihn, wo die Jacken hängen. Dieser sagt nur kurz: „Da hinten finden Sie Jacken." Diese null engagierten Verkäufer kennen wir alle. Viele Kunden sind an dieser Stelle schon raus. Eine Beratungsoffensive ist nicht vorhanden.

VERKÄUFER RELOADED

Nehmen wir an, der o. g. Verkäufer hat von einer Bekannten dieses Buch empfohlen bekommen und ist jetzt bei Phase 3.3. Wie verläuft jetzt so ein Kundengespräch? Gleiche Situation: Der Kunde kommt und fragt nach Jacken. Der geschulte Verkäufer wendet sich ihm zu und begrüßt ihn freundlich. Er hat den Kunden schon aufmerksam beobachtet, als dieser das Geschäft betreten hat. Hat bemerkt, dass er frisch frisierte Haare hat, ein Hemd in einer auffälligen Farbe und gepflegte Schuhe einer teuren Marke trägt. Der Kunde hat einen aufrechten Gang und ist mittleren Alters. Seine Kleidung ist Business-Chic.

Der Verkäufer fragt den Kunden, was er sich grundsätzlich vorstellt. Der Kunde antwortet, dass er eine neue Winterjacke braucht. Im weiteren Gespräch findet unser Verkäufer heraus, dass er die Jacke für seinen geplanten Skiurlaub mit den Freunden benötigt. Après-Ski-Party inklusive. Wahrscheinlich ist sein Bedürfnis zum einen die Gesundheit, um schön trocken gehalten, wetterunabhängig den Urlaub zu genießen. Zum anderen aber sicher auch Anerkennung bei der Party bzw. den Partygästen.

Der Verkäufer führt ihn deshalb gezielt zum höherpreisigen Jackensegment und zeigt ihm knallige Ski-Jacken, die in Kooperation mit einem bekannten Designer exklusiv angefertigt wurden. Dem Kunden wird schnell klar, dass im empfohlenen Kleidungsstück Design und kältefreundliche Verarbeitung Hand in Hand gehen. Höherpreisig sucht der Verkäufer deshalb aus, weil er die teuren Schuhe des Kunden gesehen hat. Knallig, weil er auf die Hemdfarbe des Kunden geachtet hat. Designerjacke, weil er ihn so einschätzt, dass dieser Wert auf sein Image legt.

Mit Hinweisen zum hochwertigen Material und der Limitiertheit dieser Serie ergänzt der geschulte Verkäufer seine Beratung. Der Kunde probiert die Jacke an. Er ist begeistert und möchte sie kaufen. Auf dem Weg zur Kasse kommen die beiden „zufällig" an Mützen und Schals vorbei, die der Verkäufer dem Kunden ebenfalls zeigt. Natürlich passend zur Jacke. An der Kasse selbst stehen die Sonnenbrillen. Unverzichtbar für seinen coolen Skiurlaub. Sie merken: Cross-Sellings inklusive.

TIPP:

Machen Sie es nicht zu kompliziert für den Kunden. Wenn Sie ihm zehn Jacken zeigen, wird er sich nur schwer entscheiden können und möglicherweise sogar abbrechen mit den gefürchteten Worten: „Ich überlege es mir noch." Besser, Sie zeigen ihm zwei bis drei in Frage kommende Jacken. Dann kann er davon eine auswählen (Alternativfrage). Auch die Daten zur Stoffbeschaffenheit braucht der Durchschnittskunde nicht. Komplexitätsreduzierung heißt, dass Sie sich zum Wohle des Kunden in der Beratung auf Relevantes beschränken. Der Zusatzverkauf im Jackenbeispiel war deshalb möglich, weil er logisch war. Der Kunde hatte sich schon für eine Jacke entschieden und darauf aufbauend wurden passende Mütze und Schal ausgesucht. Das Wunschoutfit ist damit komplett. Eine weitaus komplexere Beratung als bei einem Jacken- oder Anzugkauf ist beim Häuserkauf gefragt. Doch auch hier funktioniert es, wenn Sie die Werte, Meinungen und Ideale Ihres Kunden berücksichtigen.

KANN MAN HIPPIES HÄUSER VERKAUFEN?

Ja klar, auch Hippies kaufen Häuser. Diese müssen nur einfach das erfüllen, was der Hippie sich wünscht. Ein freies Leben, weit weg von Statussymbolen. Passend wäre hier vielleicht ein altes Fachwerkhaus mit verwunschenem Wildblumengarten, auf dem Land. Mit viel Platz für Tiere und Freunde. Und garantiert örtlich unabhängig von spießigen Nachbarn. Einfach machen dürfen, was man möchte. Musik hören, Partys veranstalten, ein chilliges Leben haben. Welcher Hippie möchte das nicht?

Übrigens, wenn Sie jetzt denken: „Ja, ja klar. Und als Nächstes verkaufe ich Eskimos Kühlschränke!" Dann haben wir die Antwort: Klasse Idee! Denn Eskimos brauchen Kühlschränke, sonst frieren denen nämlich alle Lebensmittel ein! Eskimos Gefrierschränke zu verkaufen, das ist allerdings weitaus schwieriger. ;-) Sie sehen, wenn man genug über den Kunden vor der Beratung weiß, läuft diese fast immer auf einen Kaufimpuls hinaus.

3. DIE KAUFPHASE

3.4 Begehrlichkeit

3.4

BEGEHRLICHKEIT

In diesem Kapitel geht es um das Thema Begehrlichkeit. Also darum, den Kundenwunsch (ein Produkt oder eine Dienstleistung zu bekommen) noch zu steigern. Damit der Kaufabschluss die logische Konsequenz ist.

Eine elementare Triebfeder im Verkauf ist es, wenn ein Kunde etwas begehrt. Begehren hat die Menschheit immer schon hoch motiviert, etwas zu tun. Menschen springen sogar über ihre eigenen Grenzen, um etwas zu bekommen.

Warum ist der Amazon Gründer Jeff Bezos kürzlich zum reichsten Menschen der Welt gekürt worden? Weil er verstanden hat, wie man Kunden zum Kauf verführt. Womit? Nicht nur mittels Unmengen von Daten, die Amazon über seine User sammelt. Sondern vor allem durch clevere Strategien, die diese Daten nutzen. Sie unterbreiten den Usern ganz gezielte und individuell auf sie angepasste Angebote.

Und da wir gerne von den Besten und den Umsatzstärksten lernen, erläutern wir einige von diesen Strategien in diesem Kapitel.

DIE JAGD

Was ist da los bei Amazon? Kann es sein, dass die tatsächlich so knappe Lager haben, dass oftmals nur noch drei Produkte verfügbar sind? Und das ausgerechnet bei dem Produkt, das wir uns gerade wünschen? Ist der größte Online-Händler der westlichen Welt chronisch ausverkauft? Oder steckt dahinter etwas anderes?

Na klar, es ist eine Masche. Sie beruht auf dem Prinzip der Verknappung. Wenn der Kunde sieht, es sind nur noch drei Produkte da, steigt der Wunsch zu jagen bzw. es sofort kaufen zu wollen. „Sonst schnappen es mir andere vor der Nase weg." Und schon, (er)legt er das Produkt in den eigenen Warenkorb. Das funktioniert sowohl online als auch im stationären Geschäft. Oft ist zu beobachten, dass Kunden genau das in den Einkaufskorb legen, wovon nicht mehr viel da ist. In der Annahme, dass die Ware bestimmt gut ist, weil viele diese schon besitzen.

WEICH GEBETTET

Auch Hotelplattformen nutzen sehr effektiv den Verknappungs-Trick. Wenn wir uns für ein Hotel erwärmen, sehen wir gleichzeitig „3 weitere User interessieren sich gerade auch für dieses Hotel". Sofort wächst in uns das Begehren, dieses Zimmer für uns sichern zu wollen, damit es kein anderer mehr bekommt.

Voilà, schon wird auf „Jetzt buchen" geklickt. Ganz besonders wenn es zusätzlich kostenlos stornierbar oder ein supergünstiger Hot-Deal ist. Diese zusätzlichen Anreize haben viele Buchungen in die Wege geleitet.

Machen Sie also Ihren Kunden klar: Das, was Sie bieten, interessiert auch andere. Lieber schnell zugreifen, sonst ist die Chance vorbei. Wie können Sie das vermitteln? Sie informieren zum Beispiel Ihre Kunden, dass Sie vor dem Wochenende nur noch 2 Termine verfügbar haben. Schon steigt der Drang Ihres Kunden, Sie zu buchen.

WENIGER IST MEHR

Diese Wirkung ist auch auf den bereits besprochenen Social-Proof-Effekt zurückzuführen. Wenn alle etwas haben wollen, muss es gut sein. Ein interessantes Experiment zu diesem Phänomen sieht so aus: Die Teilnehmer bekommen Kekse im Glas angeboten. Zwei Gläser, gleich aussehend, aber mit unterschiedlich viel Inhalt. Im einen Glas sind viele Kekse, im anderen Glas weniger Kekse. Wo greifen die Leute eher zu? Richtig, da wo eh schon wenig drin ist.

Bei der Wiederholung des Experiments wurde etwas Wesentliches geändert: Jedes Mal, wenn sich eine Testperson einen Keks nahm, wurden ihr einfach weitere Kekse angereicht. Die erhaltene Menge erhöhte sich also. Der interessante Effekt war, dass die Probanden die Begehrlichkeit verloren. Warum? Weil die erhöhte Menge der Plätzchen sie weniger wichtig machten. Überfluss tut also selten gut.

VON GELD KANN MAN NIE ZU WENIG HABEN

Dies beweist auch die Währungspolitik. Inflation bedeutet nämlich, dass so viel Geld vorhanden ist, dass es fast wertlos wird. Verrückt, aber so funktioniert unser Gehirn und unsere Welt. Wir wollen das, was rar ist. Wir wollen das Besondere. So funktionieren alle Märkte dieser Welt.

HEUTE SCHON GEFLIRTET?

Von Keksen und Währungen abgesehen, kann man das Verknappungs-Prinzip und seine Wirkung auch beim Flirten deutlich erkennen und nutzen. Verkaufen ist wie Flirten. Es geht darum, das Interesse im Gegenüber zu wecken. Was leicht erreichbar ist, ist nicht attraktiv.
Rufen Sie deshalb Neugierde hervor. Wenn Sie beim Flirten sagen: „Ich habe jeden Tag Zeit, mit dir auszugehen, such dir einfach was aus", sagt Ihr Flirtpartner „Ja toll, ich melde mich dann". Das ist das Code-Wort für „Vergiss mich, denn du bist uninteressant für mich".
Was wäre, wenn Sie sagen: „Hmm, am Mittwoch habe ich Schwimmen, Donnerstag geh ich zum Tanzen, ich kann dir Freitag Abend oder Samstag Vormittag anbieten." Dann sagt der Flirtpartner: „Ja, gerne dann am Freitag Abend." Setzen Sie Ihrem Gegenüber nicht die Pistole auf die Brust, lassen Sie Wahlmöglichkeiten, aber verknappen Sie diese geschickt. Funktioniert beim Flirten und im Verkaufsgespräch.

Jetzt sind Sie an der Reihe: Wie schaffen Sie eine glaubhafte, clevere Verknappung Ihres Produktes oder Ihrer Dienstleistung?

DIE VERZÖGERUNG

Mit dieser Taktik kennen sich Vortragsredner sehr gut aus. Wenn Interessenten in deren Büro anrufen, erfahren sie, dass sie einen Vortrag oder Ähnliches erst in einem halben Jahr buchen können. Das nächste halbe Jahr sei bereits ausgebucht. Kunden buchen so schneller, um wenigstens in einem halben Jahr einen Termin zu bekommen, und das führt wiederum noch schneller zu vollen Auftragsbüchern. Das entspricht bei sehr guten Rednern natürlich auch den Tatsachen. Auf potenzielle Kunden wirkt es in beiden Fällen wie eine Art Qualitätsmerkmal.

MIT DIESEN 4 TIPPS GEWINNEN SIE STAMMKUNDEN

Bling Bling

Wenn Sie Ihrem Kunden beim Kaufabschluss etwas besonders Edles in Aussicht stellen, ist er noch begeisterter als eh schon. Diese Veredelung sieht dann je nach Branche unterschiedlich aus. Hier vier Beispiele:

1. **Banken**
   Neukunden bekommen nicht die normale Kreditkarte, sondern für vier Wochen die Goldene. Natürlich mit Zusatzleistungen, um ein gutes Up-Selling zu generieren.

2. **Reisen**
   Kunden dieses Reiseveranstalters erhalten für ihre erste Buchung einen VIP-Zugang. Das bedeutet, dass sie bevorzugt behandelt werden, z. B. keine Wartezeiten am Check-In haben oder in der VIP-Loge umsonst Kaffee erhalten.

3. **Beauty**
   Erstkunden bekommen bei dieser Kosmetikerin einen hochwertigen Hautpflege-Termin zum Preis der Basispflege oder gratis schmückende Strasssteine auf die Fingernägel.

4. **Immobilien**
   Zum Hauskauf schenkt dieser Immobilienverkäufer seinen Kunden einen goldenen Schlüssel in einer eleganten Schatulle.

Wie veredeln Sie Ihr Produkt oder Ihre Dienstleistung? Was erhalten Ihre Kunden als letzten Kaufanreiz? Achten Sie auch hier wieder darauf, dass es zu den Werten Ihres Kunden passt! Steht er auf Luxus und besondere Dinge? Dann ist er mit solchen Veredlungen auf dem besten Wege, Ihr Stammkunde zu werden.

An dieser Stelle möchten wir Ihnen ein sehr erfolgreiches Buch von Bestsellerautor Roger Rankel empfehlen. In seinem Buch „Die Geheimnisse der Umsatzverdoppler" verrät er zahlreiche Tipps und Tricks, wie man die Begehrlichkeit seiner Kunden weckt.

NAMENSVETTER

Coca-Cola hat erfolgreich vorgemacht, wie es geht: Das Unternehmen schmückte die Flaschen mit Vornamen von Anna bis Zenzi. Ein echter Verkaufsschlager! Es gab ungezählte Selfies mit eben diesen personalisierten Cola-Flaschen. Unzählige Kunden posteten ihre Flaschen in den Sozialen Medien. Kurz: Jeder wollte eine Cola-Flasche mit seinem Namen besitzen. Noch heute zieren diese Flaschen so manche Wohnzimmervitrinen. Es sind Sammlerstücke. Diese Aktion war nicht nur individuell und persönlich, sondern auch zeitlich begrenzt. Und hierin liegt vielleicht direkt das zweite Erfolgsgeheimnis: die Terminverknappung.

SCHMIER DIR EINE BOTSCHAFT

Nutella ist sogar noch einen Schritt weiter gegangen: Der Schokocreme-Hersteller rief seine Kunden auf, ihre Namen, aber auch andere Botschaften und Statements auf eigens hergestellten Nutella-Gläsern zu verewigen. Auch diese Aktion war ein voller Erfolg. Erstens wurden auch hier viele Gläser im Internet gepostet und zweitens wurden zur Aktionszeit deutlich mehr Gläser verkauft.

SCHOKOLADENSEITE

Ein anderer Hersteller von Kinderschokolade forderte seine Kunden dazu auf, Fotos ihres Kindes einzusenden. Diese Porträts wurden dann individuell auf die Verpackung gedruckt. Die Bedingung für diesen Service war übrigens der vorherige Kauf einer Kinderschokolade-Aktionspackung.

INITIALEN-ZÜNDUNG

Wenn Sie sich jetzt fragen: Gut und schön, aber wie soll ich diese Individualisierung für meine Kunden nutzen? Dann geben wir Ihnen noch die Personalisierungsmethode eines Herrenschneiders mit auf den Weg. Auch er nutzt diese Methode, obwohl er keinen großen Konzern leitet und ihm deutlich kleinere Budgets zur Verfügung stehen.

Kunden, die gerne ein maßgeschneidertes Hemd tragen wollen, bekommen bei ihm ein sehr persönliches Verkaufsargument. Er sagt: „Ich würde Ihnen (lieber Kunde) gerne eine Freude machen. Sie bekommen noch Ihre Initialen am Ärmelabschluss kostenfrei eingestickt."

Welcher Kunde reagiert da nicht mit den Worten: „Oh ja gerne. Wann kann ich das Hemd abholen?" Denn wer mag nicht mit solch einem stilvollen Highlight im Geschäftsgespräch punkten?

Überlegen Sie sich jetzt, wie Sie den Haben-Wollen-Impuls in Ihrer Zielgruppe auslösen können.

HAND DRAUF

Nehmen wir an, Sie hatten bis zu diesem Punkt ein super Beratungsgespräch mit Ihrem Kunden und kennen seine Bedürfnisse. Sie spüren allerdings, dass er zum Abschluss noch einen kleinen Schubser braucht. Genau da hilft ein persönliches Leistungsversprechen.

Und so geht es: Der Abschluss ist in greifbare Nähe gerückt. Sie sagen authentisch: „Ab jetzt setze ich mich persönlich für Sie ein" oder auch „Ab jetzt gehen wir den Weg gemeinsam und ich werde dafür sorgen, dass Sie glücklich sind". Damit geben Sie Ihrem Kunden eine Sicherheit und gleichzeitig eine Vision für die Zukunft mit.

MOBILNUMMER? NEIN DANKE.

Extra Würze erhält so ein Leistungsversprechen, wie zuvor beschrieben, wenn Sie Folgendes machen: Während Sie Ihr Versprechen abgeben, schreiben Sie Ihre Mobilnummer handschriftlich auf Ihre Visitenkarte. (Denn idealerweise enthält Ihre Visitenkarte vorher keine Mobilrufnummer.) Sie schreiben diese also persönlich für Ihren Kunden auf. Dadurch steigt Ihr Vertrauenswert für den Kunden immens. Einer persönlichen Beziehung mit Stammkundenpotenzial steht nichts mehr im Wege. Denn allem Anschein nach erhält diese Nummer nicht jeder, der die Visitenkarte bekommt.

IT'S MAGIC

Testen Sie, welche Individualisierung bei Ihren Kunden am besten ankommt. Probieren Sie doch einfach mal aus, wie es auf Ihre Kunden wirkt, wenn Sie Ihre Mobilnummer handschriftlich aufschreiben.

Denken Sie immer daran: Auch berühmte Zauberkünstler üben ihre Kartentricks nicht direkt auf der großen Bühne, sondern auf der Straße. Hier testen sie, ob ihre Kunststücke wie gewünscht funktionieren oder ob sie diese nochmal überdenken bzw. verfeinern müssen. Fangen Sie jetzt mit dem „Zaubern" durch den Trick mit der Visitenkarten an. Sie werden sehen, es funktioniert!

Wenn Sie das nächste Mal Visitenkarten drucken lassen, bestellen Sie einfach mal einen Schwung ohne Ihre Mobilnummer darauf.

Natürlich gibt es zahlreiche weitere Ideen. Welche könnten zu Ihren Produkten oder Dienstleistungen passen? Wie sieht Ihr ganz persönliches Leistungsversprechen aus? Welchen letzten Kaufimpuls geben Sie Ihrem Kunden?

3. DIE KAUFPHASE

3.5 Abschluss

3.5

DER ABSCHLUSS

Ja-Sager erwünscht

Glückwunsch, der Kunde ist dank Ihrer Vorarbeit auf dem besten Wege, zu Ihrem Produkt Ja zu sagen. Sein Begehren ist erfolgreich geweckt. Das Ergebnis Ihres guten Beratungsprozesses. Doch wie finden Sie jetzt den richtigen Zeitpunkt für den Abschluss und was kommt danach? Ist das das Ende? Nicht bei uns. Denn jetzt geht's erst richtig los! Wie Sie buchstäblich noch mehr rausholen, das erfahren Sie in diesem Kapitel.

Viele Verkäufer tun sich schwer damit, den richtigen Moment zu finden, dem Kunden die Kaufabschluss-Frage zu stellen. Es fehlt der Mut. Mit dem Lead-Loop®. machen Sie Ihrem Kunden im richtigen Augenblick ein Angebot, das er nicht ablehnen kann. Befolgen Sie unsere Tipps und es wird Ihnen in Zukunft ganz leicht fallen.

WETTERVORHERSAGE: SONNIG

Sie kennen das auch aus Ihrem Privatleben: Die richtige Stimmung ist entscheidend für das Gelingen oder Nichtgelingen. Wenn Ihr Partner oder Ihre Partnerin in guter Stimmung ist, können Sie kommende Investitionen und Vorhaben bedeutend besser besprechen, als wenn gerade dunkle Wolken aufziehen. Ihrem Partner sehen Sie seine Stimmung schon von Weitem an. Sie hören schon bei seinen ersten Worten, wie er bzw. sie gerade gelaunt ist. Und dieses Lesen des Gegenübers lernen Sie nun auch bei Ihren Kunden.

MIT DIESEN 4 TIPPS BEKOMMEN SIE DEN KAUFABSCHLUSS

Achten Sie auf die Sprache und die Körpersprache Ihres Kunden.
Folgendes sind gute Signale und Zeichen für Sie, dass Ihr Kunde bereit ist, gleich zuzugreifen:

1 Ihr Kunde lächelt glücklich, strahlt Sie an. Dieser Kunde ist happy mit dem, was Sie ihm präsentieren. Sie haben den richtigen Ton für ihn gefunden und es ist das passende Produkt.

2 Ihr Kunde nimmt die gleiche Körperhaltung an wie Sie und folgt Ihrer Argumentation. Dieser Kunde ist sehr von Ihnen und vom Verlauf des Gespräches angetan.

3 Ihr Kunde stellt interessierte Nachfragen und ist ganz bei Ihnen. Diesen Kunden überzeugen Sie, indem Sie professionell auf seine Fragen antworten und ihn ernst nehmen.

4 Ihr Kunde formuliert selbst, welche Vorteile er durch die Zusammenarbeit mit Ihnen hat. Jackpot! Dieser Kunde serviert Ihnen den Kaufabschluss gerade auf dem Silbertablett. Sie müssen ihn nur noch bestätigen.

Wenn sich Ihr Kunde in der Hochphase befindet, nutzen Sie den Moment! Ein erfolgreicher Autoverkäufer sagt dann zum Beispiel folgenden Satz: „Wenn jemand in dieses Auto passt, dann Sie!" Wenn Sie diesen Satz auf sich und Ihre Persönlichkeit anpassen, läuft der Verkaufsabschluss glatt. Mit Überzeugung vorgetragen wirkt dieser Satz hundertmal besser als ein „Möchten Sie dieses Auto kaufen?". Für den Abschluss sind Fragen keine Option mehr. Punkten Sie durch Aussagen. Voller Selbstvertrauen sagen Sie anschließend: „Dann sag ich jetzt: Auf gute Zusammenarbeit!" Handschlag, Kaufabschluss in der Tasche. Beide Seiten sind glücklich.

Aber was machen Sie, wenn Ihr Kunde eher zögerlich aussieht? Wenn er zum Beispiel die Stirn runzelt oder sich mit skeptischem Blick zurücklehnt? Die Arme dabei sogar noch vor der Brust verschränkt? Wichtig: Nehmen Sie dieses Verhalten nicht als Abwertung wahr, sondern als Aufforderung, genauer nachzufragen. Denn Sie sind hier noch in der Beratungsphase. Der Verkauf ist noch nicht gelungen. Formulieren Sie jetzt einfach Ihre Beobachtung. Zum Beispiel so: „Herr Kunde, ich sehe, Sie runzeln die Stirn. Wie müsste das Angebot denn ausschauen, damit es Ihre Erwartungen erfüllt?"

Auf diese Weise spielen Sie dem Kunden den Ball zu. Sie fordern ihn zur Mitarbeit auf. Nehmen ihn und seine Ansichten ernst. Das spürt der Kunde instinktiv. Und wird positiv reagieren. Mit dem, was der Kunde antwortet, arbeiten Sie dann weiter. So sorgen Sie dafür, dass Sie Ihren Kunden nicht verlieren. Wenn sich die Stimmung Ihres Kunden daraufhin verbessert und er die zuvor beschriebenen positiven Signale zeigt, gilt: Nutze den Moment! Sagen Sie Ihren Satz, der zum Verkaufsabschluss führt.

ZWISCHEN TÜLL UND TRÄNEN

Das ist der Titel eines beliebten Formates des TV-Senders VOX. Hier suchen zukünftige Bräute ihr Traum-Brautkleid. Eine bunte Lehrstunde für das Kundenverhalten. Ebenso lässt sich hier prima das Kaufabschluss-Verhalten studieren.

Wenn die Braut glücksstrahlend aus der Kabine kommt, sich mit leuchtenden Augen vor den Spiegel stellt und in Gedanken schon vor dem Altar oder Standesbeamten steht, bestätigen die Braut-Ausstatter sie darin. Die Frage beim Abschluss der Beratung lautet: „Ist das Ihr Kleid?" Wichtig ist, dass diese Frage fast im Ton einer rhetorischen Frage vorgetragen wird, also einer Frage, auf die die Antwort klar „JA!" ist. Dann klingelt die Kundin zur Bestätigung eine Glocke, die die Entscheidung besiegelt. Der letzte Satz der Verkäuferin, um den Verkaufsabschluss einzutüten, ist: „Dann gratuliere ich Ihnen zu Ihrem Kleid." Tränen, Freude, Champagner.

So weit, so richtig gut. Doch wie holen Sie noch mehr aus dem Abschluss raus? Die Antwort lautet: durch Up-Selling und Cross-Selling.

UP ZUM UMSATZHOCH

Um zu erklären, was das ist und wie das funktioniert, schauen wir uns ein Beratungsgespräch im Reisebüro an. Die Reiseverkehrskauffrau, Expertin für Reisen, hat in einem ausgiebigen Gespräch mit einem Ehepaar herausgefunden, wo deren Interessen liegen. Dann haben sie gemeinsam ein Urlaubsziel festgelegt. Die beiden sind nämlich kulturell interessiert und besitzen das nötige Kleingeld. Die Reiseverkehrskauffrau hat ihr Begehren für eine Mittelmeerkreuzfahrt zu den historischen Stätten von Rom und Athen geweckt.

Die AIDA ist das auserwählte Schiff der beiden. Jetzt geht es um die Kabinenbuchung. Die Beraterin hat herausgehört, dass die beiden das Meer lieben, daher empfiehlt sie ihnen die Kabine mit Seeblick. Das ist gekonntes Up-Selling: Die nächsthöhere Kabinenkategorie zu empfehlen, weil sie damit die Persönlichkeit des Kunden berücksichtigt. Das ist das große Einmaleins der Verkaufspsychologie. Da geht es steil aufwärts mit dem Umsatz. Die Provision für dieses Up-Selling ist gesichert.

CROSS-SELLING – KREUZ- UND QUERVERKAUF

Cross-Selling ist anhand der Aida-Reise auch ganz leicht erklärt. Die clevere Beraterin weiß ja von dem Kulturinteresse ihrer Kunden. Daher erzählt sie ihnen detailreich von dem schönen Ausflug zu den hellenistischen Tempeln in Athen. Ein Ausflug, der „psssssssst" nicht im Routineprogramm enthalten, sondern ein spezieller Geheimtipp ist. Die Kunden sind sehr angetan. Der Vorschlag entspricht genau ihren Vorstellungen eines gelungenen Ausflugs. Und schon ist auch dieser Trip on top gebucht.

Dieses Cross-Selling hat auch nach dem Kaufabschluss noch großes Potenzial. Beispielsweise mittels einer E-Mail, die das mögliche Ausflugsprogramm schildert und die Möglichkeit einer sofortigen Buchung für den Kunden enthält. Oder beispielsweise auf das Angebot einer partnerschaftlich verbundenen Mietwagenagentur hinweist. Oder auf Restaurants, die sich auf der Ausflugsroute befinden. Natürlich allesamt Partner der Reiseagentur.

An dieser Stelle möchten wir Ihnen das mehrfach ausgezeichnete Hörbuch Seminar von Roger Rankel empfehlen. 10 Stunden Intensiv-Training to go! Machen Sie Ihr Auto zum Hörsaal. Lehnen Sie sich zuhause zurück. Lassen Sie sich von diesem erfolgversprechenden Coaching-Programm inspirieren, animieren, motivieren.

Sie sind dran:

Wie können Sie etwas Höherwertiges verkaufen, welche Komplementär-Produkte, also ergänzende, passende Produkte, können Sie anbieten?

LÜFTEN SIE DEN SCHLEIER

In dem bereits beschriebenen Brautkleid-Findungsprozess kommt das Cross-Selling sogar wie ein weiteres Verkaufsargument daher. Der das Styling komplettierende Schleier wird nämlich nur angelegt, wenn die Kundin sich in dem Kleid schon sehr wohlfühlt. Und die Magie passiert: In dem Moment, in dem die Frau sich in dem Accessoire sieht, das sie noch nie getragen hat und das sie als Braut kennzeichnet, treten meist die Tränen der Rührung in die Augen. Der Kauf des Kleides ist entschieden. Denn nun erst fühlt sie sich wie eine richtige Braut. Mit Schleier, Schuhen und Schleppe. Drei weitere Produkte werden natürlich direkt mit in die Tüte gepackt.

Warum erfolgreiches Cross-Selling? Ganz klar! Sie sparen sich Akquisekosten. Den Kunden, der Ihr Zusatzprodukt erwirbt, müssen Sie nicht mehr umständlich akquirieren. Dieser Kunde sitzt schon vor Ihnen. Ein riesiger Vorteil und ein Plus, das sich in Ihrem Umsatz bemerkbar machen wird.

WENN BEI CAPRI DIE ROTE SONNE IM MEER VERSINKT ...

... ist der Umsatz noch nicht vorbei! Dieser Eisverkäufer aus Capri beeindruckt nachhaltig.

Wenn man in Capri unterwegs ist, kommt man irgendwann an einer Eisdiele vorbei. Dort duftet es so gut nach frischen Mandelwaffeln, dass niemand anders kann, als stehen zu bleiben. Weil sich vor dem Laden schon eine Schlange gebildet hat, nehmen die meisten Menschen an, dass es hier leckeres Eis gibt. Das Eis ist mit 3,- Euro pro Kugel, nicht gerade billig. Jeder Kunde bestellt eine Kugel. Und nun kommt das super clevere Up-Selling. Der Eisverkäufer sagt folgenden Satz zum Kunden:

„Und dazu empfehle ich ... (z. B. Schokolade)."

Und was tun die Kunden jetzt? Sie bestellen daraufhin tatsächlich eine zweite Kugel Eis. Umsatz verdoppelt!!! Diesen Empfehlungssatz spricht der Eisverkäufer bei jedem Kunden aus. Er passt sich dabei geschickt der Sprache an, in der der Kunde bestellt. Wenn ein Franzose kommt, erfolgt der Satz „Und dazu empfehle ich ..." auf Französisch. Außerdem verzettelt sich der Eisverkäufer dabei nicht in hundert Eissorten. Er bietet genau übersichtliche acht klassische und beliebte Sorten an, die wunderbar untereinander zu kombinieren sind.

Dieser Eisverkäufer bei Capri macht vieles richtig: Die lange Warteschlange spricht für den Social Proof. Er macht es dem Kunden, durch den Waffelduft, leicht, den Weg zu ihm zu finden. Ebenso hilft er durch die lediglich acht Sorten bei der Entscheidung. Stichwort: kognitive Vereinfachung. Er spricht die Sprache des Kunden. Er stellt keine Fragen, sondern spricht zur Kaufentscheidung eine klare Empfehlung aus. Er bietet ein Leistungsversprechen: selbst gebackene, frische Mandelwaffeln. Der Eisverkäufer bleibt stets freundlich und hat dazu noch eine Prise Humor, der ihn sympathisch macht. Ein echter Lead-Looper aus Capri.

CROSS-SELLING À LA UDO

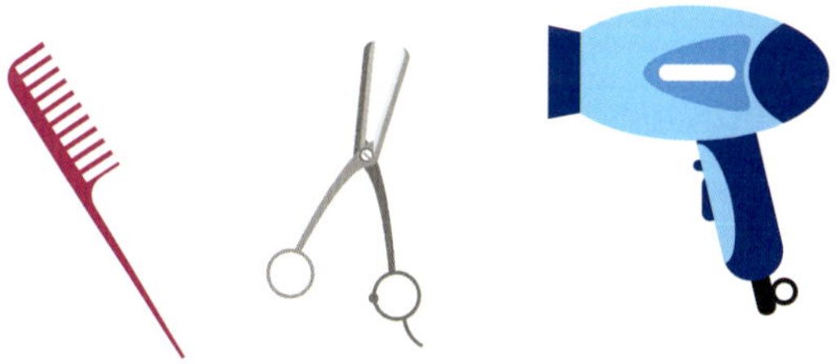

Udo Waltz, Promi-Friseur und mittlerweile selbst ein Promi, hat seine eigene Methode des Cross-Sellings entwickelt. Mit dem Selbstverständnis eines Künstlers, der seinen Kundinnen einen Gefallen tut, indem er sie bedient, sagt er: „Ich empfehle Ihnen dieses Shampoo. Nehmen Sie es mit! Ich stelle es schon mal nach vorn an die Kasse." Er käme nie auf die Idee, zu fragen: „Möchten Sie ein Shampoo mitnehmen, das perfekt auf Ihre Haarstruktur abgestimmt ist?" Warum? Weil die Beratung vorbei ist und es nun um einen weiteren Kaufabschluss geht.

Das ist sein Geheimnis, das auch Sie für sich nutzen können: Wenn Sie selbstbewusst auftreten und von Anfang bis Ende Kompetenz ausstrahlen, dann wirkt das auf den Kunden und er stimmt Ihrem Urteil zu. Glauben Sie an sich selbst, dann glaubt der Kunde auch an Sie.

CROSS-SELLING À LA CARTE

Zusatzverkäufe erreichen Sie oft ganz einfach, indem Sie dem Kunden verschiedene Alternativen aufzählen: also nicht: „Möchten Sie ein Dessert?", sondern: „Ich empfehle Ihnen nach dem Essen ein köstlches Tiramisu. Oder lieber unser hausgemachtes erfrischendes Limoncello-Sorbet?"

HIGHSPEED SIGNATUR

Immer mehr Firmen bieten mittlerweile eine sogenannte E-Signatur zum Vertragsabschluss an. Sie kennen das bestimmt auch von Ihrem Paketboten. Der Kunde unterschreibt mit einem speziellen Stift auf einem Computer-Pad. Das bietet den Vorteil, dass die Unterschrift schnell weiterzuleiten ist. Funktioniert auch mit einer App auf dem Handy. Ebenfalls erleichtert es das Archivieren von Dokumenten. Wenn Sie Ihrem Kunden die Vorzüge dieser Methode beim Vertragsabschluss klarmachen, dient das erneut als Kompetenzbeweis und beweist Kundennähe.

NACH REGEN FOLGT SONNE

Was passiert eigentlich in den Sekunden nach dem Abschluss? Ein gutes Beispiel für Nachsorge unmittelbar nach dem Kaufabschluss, die den Kunden mit einem guten Gefühl nach Hause gehen lässt, ist folgendes:

Ein Versicherungsberater drückt am Ende des Beratungsgesprächs seinen Neu-Kunden einen Regenschirm in die Hand. Dabei sagt er: „Ich lasse Sie nicht im Regen stehen." Dieses Versprechen an den Kunden funktioniert auch bei Sonnenschein, denn Regen kommt so sicher wie schlechte Zeiten, irgendwann. Und immer wenn der Kunde den Regenschirm benutzt, denkt er an seinen Berater.

KLEINES ZWISCHENFAZIT

Bevor wir in das aktuelle Thema der Erfahrungsphase einsteigen, nehmen wir uns einen Moment zur Betrachtung unseres bisherigen Weges. Wir sind gemeinsam schon weit gekommen. Immerhin kommt jetzt die vorletzte Phase 4 dran. Das ist ein Grund, stolz auf sich zu sein.

Wie sah die bisherige Strecke aus, welchen Streckenposten sind wir begegnet? Erinnern Sie sich noch an die ersten Schritte im Lead-Loop®?

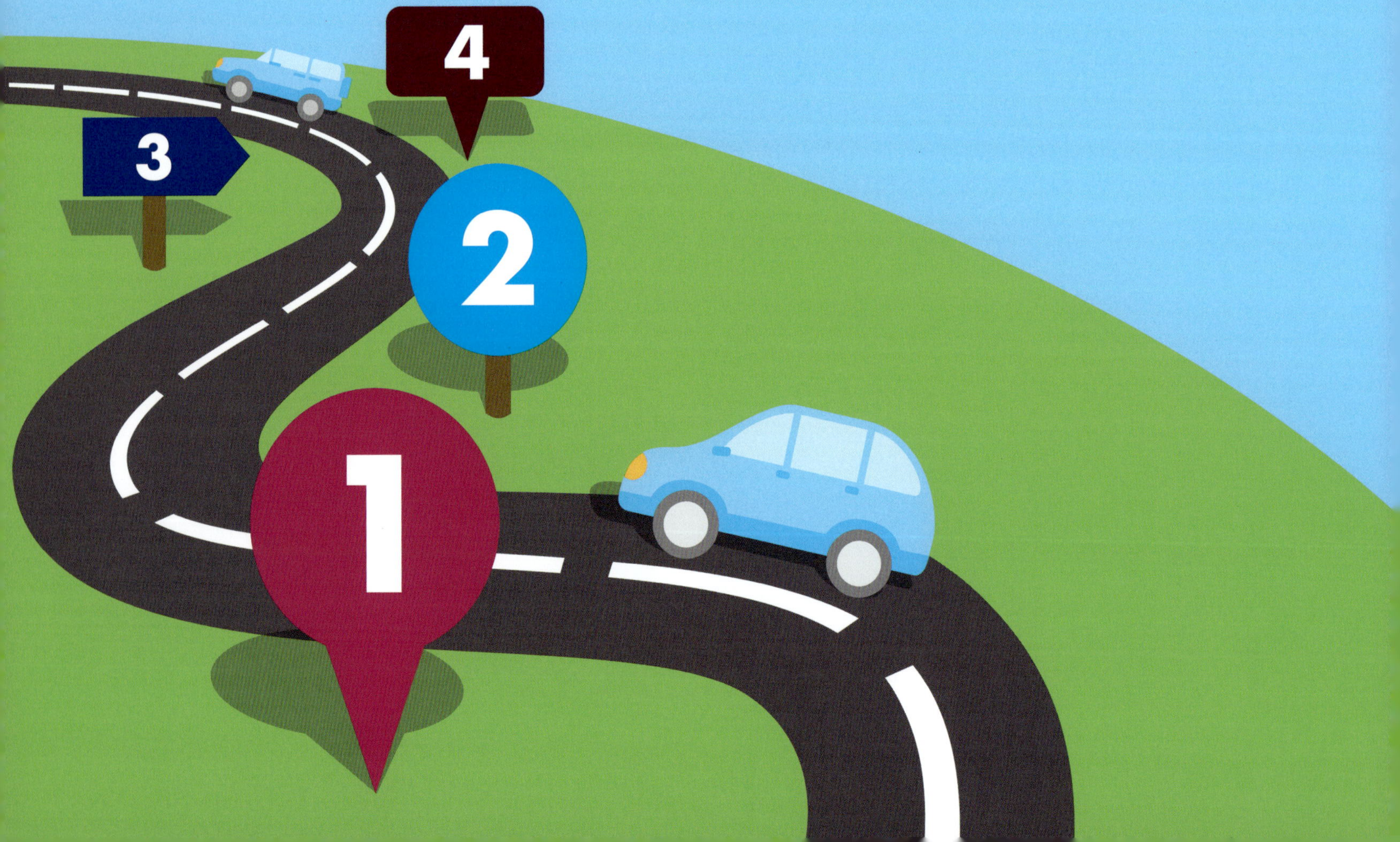

TICK, TICK, ANGETRIGGERT

Die Triggerphase war die Phase, in der Ihre Kunden angetriggert werden, z. B. durch ein Ereignis. Ein solches Ereignis kann ein Unfall, eine Katastrophe oder auch ein Familienzuwachs sein.

Eine Kampagne ist ebenfalls bestens zum Antriggern von potenziellen Kunden geeignet. Am besten mit humorvollen Slogans wie „Tausch deine Alte", mit dem eine Frontladerschwinge für einen Traktor gemeint war. Oder Sie inszenieren eine Kampagne, die ein aktuelles Thema aufgreift. Wie die freche Plakatidee mit dem gekrümmten iPhone und dem gekrümmten Visitenkartenetui. Wobei Letzteres extra gekrümmt ist.

Und wissen Sie noch …? Die vielzitierte Sauberkeitsgarantie und weitere Beispiele zum Thema Storytelling. Flugzeugsitze, Steakmesser und Rollatoren lieferten viel Material für Geschichten. Welche Geschichte erzählen Sie inzwischen?

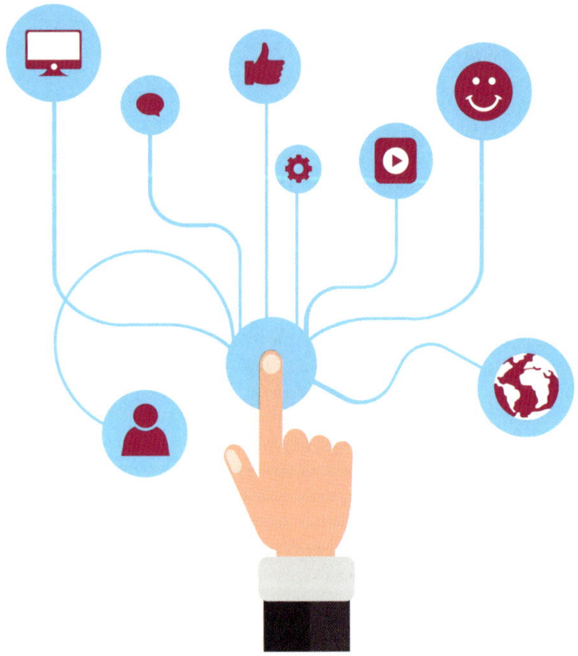

DER KUNDE VON HEUTE IST ONLINE

Online gibt es ganz neue Möglichkeiten, Ihre Kunden zu erreichen, denn fast jeder Mensch ist mittlerweile über Online-Marketing erreichbar. Mit meist relativ verschwindend geringen Kosten. Das große immer wiederkehrende Thema Social Media wurde hier erläutert. Achten Sie auf Aufrichtigkeit und Authentizität, bei allem, was Sie online und auch offline von sich geben.

Ist Ihr Internetauftritt responsive? Passt er sich den unterschiedlichen Endgeräten optimal an und wird er auf dem Smartphone richtig dargestellt? Sind Sie jetzt möglicherweise auch unter die Blogger gegangen, wie der Berliner Taxifahrer, dem die Geschichten einfach durch seinen Berufsalltag zufallen?

KLASSIKER UND EVERGREENS

Auch im Kapitel der klassischen Werbung gab es viel zu entdecken. Wir stellten Ihnen Flyer, aber auch Farming Cards und Anzeigenwerbung vor. Mit Events können Sie alle Sinne Ihrer Kunden ansprechen, gerne auch als Sponsor.

SUCH

In der darauffolgenden Phase 2, der Recherchephase, ging es dann den Dingen auf den Grund. Wirken Sie und Ihre Website kompetent, bestehen Sie den Kompetenzcheck? Was möchten Sie konkret noch ändern? Stichwort SEO, Google, Benutzerfreundlichkeit etc.
Die Weisheit der Vielen ist grenzenlos und man kann sie wunderbar zu Werbezwecken nutzen. Ob Expertenmeinung, Family & Friends oder treue Kunden; alle haben eine Stimme, die für Sie sprechen kann. Mit oftmals größerer Wirkung als Ihre eigene.

Sie dürfen gerne an Ihrem Service herumfeilen, ihn immer noch ein Stück perfekter machen, so dass Sie wirklich Begeisterung auslösen. Robo-Tools nehmen Ihnen dabei die mechanisch lösbaren Aufgaben ab. Und wissen Sie noch, was Reziprozität bedeutet? Gegenseitiges Geben und Nehmen. Im Geschäftsleben oft über Gratis- und Sonderleistungen, Goodies, Gutscheine und Preissenkungen realisiert.

KAUF MICH

Dann kam die heiße Phase 3: die Kaufphase. Hier kam ein persönlicher Kompetenzcheck und der sogenannte Match-Code zur Sprache. Genauer auf die Sprache geachtet haben wir auch im Folgenden, als es um Bedarfsermittlung und Beratung ging. Die Begehrlichkeit des Kunden zu wecken, war die Aufgabe, um anschließend erfolgreich zum Abschluss zu kommen.

4. DIE ERFAHRUNGSPHASE

4.1 Professionelle Abwicklung

4.1

PROFESSIONELLE ABWICKLUNG

Kaum zu glauben! Wir befinden uns schon in der vorletzten Phase des Lead-Loop® Konzepts. Hier macht der Kunde seine ersten Nach-Kauf-Erfahrungen mit Ihnen.

Erinnern Sie sich bitte:
In der Recherchephase entscheidet der Kunde, ob er einen Kauf bei Ihnen überhaupt in Erwägung zieht. Nun, in der Erfahrungsphase, entscheidet er, ob er NACH einem Kauf bei Ihnen bleibt und zum Wiederkäufer wird. Hier sichern Sie sich treue Stammkunden. Es ist also eine sehr wichtige Phase.

In diesem Kapitel werden Sie einige Mittel kennenlernen, den Kunden sofort nach dem Kauf für sich einzunehmen.

NACH DEM KAUF IST VOR DEM KAUF

Genau das ist die Grundphilosophie des After-Sales-Managements. Es geht darum, den Kunden nicht fallen zu lassen, nachdem er zum Käufer geworden ist. Sondern ihm weiterhin einen überragenden Service zu bieten. Sehen Sie den Verkauf als Prozess. Das Ziel dabei ist, dass er nach dem Kaufabschluss gerne auch in der Zukunft bei Ihnen bleibt, um weitere Käufe zu tätigen oder sogar zum Fürsprecher zu werden. Dafür sollten Sie sich nun engagieren. Denn Langzeitkundenbeziehungen leben von Achtsamkeit und professioneller Abwicklung. Manchmal reichen sogar kleine Gesten, um dies zu erzielen.

Denken Sie immer daran, dass Sie hiervon stark profitieren. Denn ein Kunde, der bereits gute Erfahrungen mit Ihnen gemacht hat, wird auch höchstwahrscheinlich wieder bei Ihnen kaufen. Er kennt Sie und weiß, was er an Ihnen hat. Es ist keine Reise ins Unbekannte mehr. Es ist vielmehr ein Nachhausekommen.

Einer McKinsey-Studie zufolge werden 70 % der Kauferlebnisse davon beeinflusst, wie sich der Kunde NACH dem Kauf behandelt fühlt. Unterschätzen Sie diese Phase also nicht. Sie gehört genauso zur erfolgreichen Kundenreise, wie das Antriggern, das Recherchieren und das Kaufen.

Aber Achtung: Der Kunde von heute ist kritisch. Er ist schließlich nicht nur alleine Ihr Kunde. Er ist ebenso Kunde anderer Unternehmen. Als solcher vergleicht er alle gemachten Erfahrungen unbewusst oder bewusst – Erfahrungen mit Ihnen und Erfahrungen mit Ihren Mitbewerbern. Und eins ist sicher: Auch Ihre Konkurrenz schläft nicht, sondern lauert überall. Seien Sie also wachsam.

TIPP:
Wie das geht? Ganz simpel: Erinnern Sie sich doch einfach an Ihre eigenen Erfahrungen als Kunde. Welche Betreuung nach dem Kauf war angenehm für Sie? Worüber haben Sie sich besonders gefreut? Wie können Sie ähnliche Erlebnisse auch Ihren Kunden bieten?

MITTELMAß HAUT NICHT VOM HOCKER

Der Kunde von heute ist nicht nur kritisch, er ist auch verwöhnt. Mittelmaß wird von ihm als normal wahrgenommen und deshalb wieder vergessen. Weil Normalität langweilt. Achten Sie deshalb bei allem auf eine persönliche und besondere Note. Hier kommen einige frische Ideen für die originelle Begleitung und eine professionelle Abwicklung unmittelbar nach dem Kauf:

KASSE IST KLASSE

Die Kassiererin eines Lebensmitteldiscounters fragt die Kunden nach dem Einkauf mit einem freundlichen Lächeln, ob sie alles schnell gefunden haben. Sie trägt damit Sorge, dass das Sortiment so präsentiert wird, dass der Kunde zufriedengestellt wird. Und das kommuniziert sie nun mit Fürsorge. Die Kunden spüren, dass sich das Geschäft für sie persönlich interessiert. Sogar nachdem sie gekauft haben. Sie verlassen den Einkaufsplatz mit einem guten Gefühl und kommen deshalb gerne wieder.

STRESS LASS NACH

Ein Lebensmittelladen. Das Kassenband rollt unerbittlich weiter, die Einkäufe stapeln sich direkt dahinter. Jetzt noch den Geldbeutel suchen, bezahlen und ganz schnell einpacken. Denn der nächste Kunde schiebt bereits seine Waren in Ihre hinein. Das Stresslevel ist hoch. Stellen Sie sich einmal die Frage, ob das besser geht. Geht es! In den USA läuft das nämlich komplett anders: Dort gibt es einen persönlichen Einpacker an der Kasse, der Ihre Einkäufe, während Sie bezahlen, sicher in Tüten einräumt. Er bringt sie Ihnen auf Wunsch sogar noch sicher zum Auto. So mancher USA-Rückkehrer hat diesen Service schon in Deutschland schmerzlich vermisst. Simpel und enorm wirksam.

GEDANKEN-JOGGING

Wo und wie können Sie Ihrem Kunden eine lästige Tätigkeit abnehmen? Wie können Sie das Stresslevel Ihres Kunden senken? Es gibt bereits viele Bekleidungsunternehmen, die in ihren Läden sogar schon beim Kauf ein Personal-Shopping anbieten. Jemand begleitet Sie und trägt sogar Ihre Taschen noch nach dem Bezahlen bis hin zum Wagen. Ihr Vorteil: Sie haben die Hände frei und können alles ganz entspannt und in Ruhe anprobieren. Dass dieses AHA-Erlebnis wahrscheinlich direkt mit einem Post in den Social Media verbreitet wird, ist zusätzlich sehr wahrscheinlich.

HAPPY END

Das Mode-Versandunternehmen Zalando schickt seinen Kunden unmittelbar nach der Bestellung eine Mail, in der es sie informiert, dass die Bestellung angekommen ist, aufgenommen wurde und wie der Prozess jetzt weitergehen wird. Das sorgt dafür, dass der Kunde sich nicht allein gelassen, sondern weiterhin gut betreut und begleitet fühlt. Auch nachdem er auf „kaufen" geklickt hat, lässt Zalando seine Kunden nicht alleine. Professionell und abwicklungseffektiv.

HIER GEHT'S UM EMPFEHLUNGSMARKETING!

FRISCHE BRÖTCHEN FREI HAUS

Wir wissen von einem Handwerker, der seinen Kunden nach Erledigung des Auftrags eine Tüte mit frischen, duftenden Bäckerbrötchen in der Wohnung hinterlässt. Als kleine, menschliche Geste. Dieses unerwartete Geschenk kommt rasend gut bei den Kunden an. Und weil diese das so außergewöhnlich finden, erzählen die es ihren Freunden und Bekannten. So kommt dieser Handwerker ganz einfach an neue Aufträge. Sympathie siegt. Das alles durch eine kleine Tüte!

Für einen Handwerker ist dies allerdings eine höchst individuelle Sache. Genau deshalb bleibt sie im Kopf und sorgt nach der Dienstleistung für ein wohlig warmes Bauchgefühl. Wenn er nun noch ein paar Tage später fragt, ob die Brötchen geschmeckt haben und wie Sie sich im neu gestalteten Zuhause fühlen, zeigt er Interesse und beim nächsten Auftrag wird er ganz sicher wieder gebucht. After-Sales- Management at its best!

Denken Sie einmal quer: Möglicherweise ist dieser Handwerker sogar mit dem Bäcker eine Kooperation eingegangen und bekommt die Brötchen zu einem Sonderpreis. Denn immerhin ist es auch kostenlose Werbung für die Bäckerei, aus der die Brötchen stammen. Von Handwerker zu Handwerker. Oder auch wieder einmal Win-win-win. Einfach und clever weitergedacht.

KREATIVITÄT GEWINNT

Es gibt eine Kellnerin, die ihre Kunden sogar erfreut, wenn sie die Rechnung bringt. Und das liegt nicht an ihrem Aussehen, wie man jetzt vielleicht denken könnte. Es geht vielmehr darum, dass sie etwas Sympathisches tut. Was macht diese Kellnerin also? Etwas ganz Einfaches, aber Wirkungsvolles. Sie malt dem Gast unerwartet eine Sonne auf die Rechnung. Eine persönliche Kleinigkeit mit guter Laune und großer Auswirkung auch auf das Trinkgeld. Denn wenn der Kunde wieder einmal überlegt, wo er essen gehen soll, dann ganz sicher dort, wo für ihn immer die Sonne scheint. Die Kellnerin hat schlichtweg weitergedacht. Denn das Ende ist beim Kauf nie erreicht.

Vielleicht probieren Sie es bei Ihrer nächsten Rechnung auch mal mit ein paar netten Worten oder einem kleinen Sonnensymbol auf einem Post-it …

HIER GEHT'S UM EMPFEHLUNGSMARKETING!

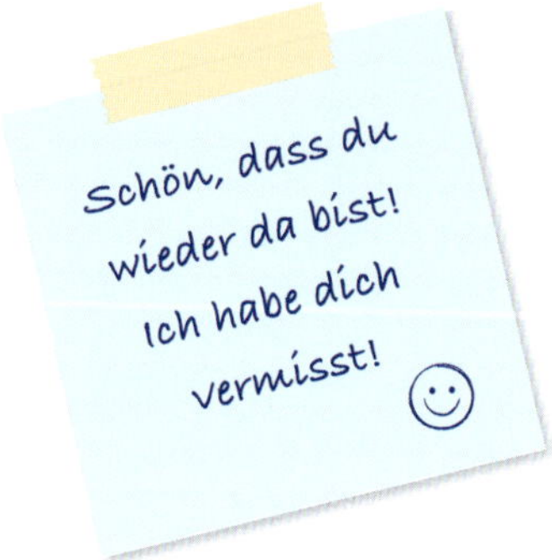

EIN MINI-ZETTEL

Es gibt vielfältige Gründe, sein Auto in die Werkstatt zu bringen. Vom Reifenwechsel bis zur langwierigen Reparatur ist da alles dabei. Allen Vorgängen gemeinsam ist jedoch, dass der Kunde sein Auto für eine gewisse Zeit in die Hände der Werkstatt gibt. Was ein unbequemes Gefühl hinterlässt.

Hier hat sich eine pfiffige MINI-Werkstatt eine Maßnahme zur Kundenbegeisterung ausgedacht. Wenn die Kunden das Auto nämlich wieder in Empfang nehmen, die Rechnung bereits in die Tasche gewandert ist, finden sie auf dem Lenkrad einen Zettel, auf dem in Handschrift steht: „Schön, dass du wieder da bist! Ich habe dich vermisst!" Versehen mit einem Smiley zaubert dieser Zettel so manchem schon lange Wartenden ein Lächeln ins Gesicht. Clever gedacht, können sich Wartezeiten also auch lohnen.

TIPP:

Sowohl hier als auch bei dem Sonnenbeispiel kommt die Nach-dem-Kauf-Begeisterung dadurch zustande, dass etwas Erfreuliches, aber Unerwartetes passiert. Etwas, das den Kunden fröhlich stimmt. Halt etwas ganz Besonderes.

Um den richtigen Maßnahmen für IHR After-Sales-Management auf die Schliche zu kommen, gehen Sie in Gedanken oder noch besser auf einem Blatt Papier die Kundenreise Ihres Kunden durch. Welche Stationen hat er bereits durchlaufen und was braucht er jetzt noch, um rundum glücklich zu sein? Denn rundum glückliche Kunden, die Begeisterndes nach dem Kauf oder der Dienstleistung erlebt haben, erzählen diese Erlebnisse ganz sicher weiter und das bringt Ihnen potenzielle Neukunden.

VERGISSMEINNICHT: DIE BESTANDSKUNDEN-PFLEGE

Was wir Ihnen nun mitteilen, ist sehr wichtig.

Jeder Kunde ist nur EINMAL Ihr Neukunde. Danach wird er im besten Fall zum Stammkunden. Um das zu erreichen, gilt: Pflegen Sie Ihre bestehenden Kunden und deren Beziehung zu Ihnen. Die Bestandskundenpflege ist elementar für den nachhaltigen Erfolg Ihres Unternehmens. Es gibt sehr viele Unternehmer, die den Fehler machen, sich primär auf die Neukundenakquise zu konzentrieren. Sie überlegen Tag für Tag, wie sie an noch mehr Kunden gelangen können. Hier noch eine Werbeaktion für Neukunden, da noch ein Rabatt, etc.

Dieser Fokus hat jedoch einen Fehler:
Sie vernachlässigen Ihre Bestandskunden. Schlimmstenfalls verärgern Sie diese damit sogar.

In der Telekommunikationsbranche ist das gut zu beobachten. Jahr für Jahr müssen zahlreiche Handybesitzer zusehen, wie Neukunden die besten Verträge zu den tollsten Konditionen angeboten werden, während Sie als treuer Kunde links liegen gelassen werden. Kein Wunder, dass ein solches Vernachlässigungsgefühl Kündigungen nach sich zieht.

Wie Sie für anhaltende Begeisterung bei Ihren Kunden (und zwar allen Kunden!) sorgen, erfahren Sie noch in den weiteren Kapiteln dieser Phase.

4. DIE ERFAHRUNGSPHASE

4.2 Fehlerfreie Durchführung

4.2

FEHLERFREIE DURCHFÜHRUNG

Der Begriff „Fehlerfreie Durchführung" ist in unserem Zusammenhang gleich doppelt wertvoll.

Es geht zum einen darum, Ihren Kunden das Gefühl zu geben, dass diese alles richtig gemacht haben. Also ihnen Sicherheit zu vermitteln. Befreites Durchatmen und sich entspannt Zurücklehnen sind das Resultat. Dazu sollten Sie ihnen stets mitteilen, welche Schritte evtl. noch folgen werden.

Zum Zweiten gehört es auch dazu, Missverständnisse zu vermeiden. Damit schaffen Sie Klarheit. Kommunizieren Sie dabei bitte verständnisvoll. Denn nur wer versteht, hat zufriedene loyale Kunden. Wie dies funktioniert? Ganz einfach!

KEEP IT SIMPLE!

Denken Sie an das bereits kennengelernte Prinzip der geringen kognitiven Anstrengung. Machen Sie es Ihrem Kunden so einfach wie möglich, eine Aktion fehlerfrei durchzuführen.

FAHRKARTE INS NIRGENDWO

Die Bahn hat hier anscheinend nicht nachgedacht, als sie ihre Fahrkartenautomaten aufgestellt hat. Man munkelt, dass es so viele Schwarzfahrer gibt, weil diese am Automaten gescheitert sind. Vorstellbar, wenn man einmal versucht hat, sich unter Zeitdruck eine Karte zu kaufen. An diesen Automaten ist schon so mancher verzweifelt. Und die Bahn hat schon so manches Geld nie erhalten, weil die Leute resigniert haben.

Sie sehen daran, welchen negativen Einfluss eine fehlerhafte Durchführung auf den Umsatz hat. Machen Sie es besser.

DIE UNTERSCHÄTZTEN KUNDEN

Bereits am Ende des letzten Kapitels haben wir besprochen, welche Kunden bei der Durchführung von alltäglichen Prozessen oft fälschlicherweise links liegen gelassen werden. Erinnern Sie sich noch? Die Bestandskunden.

Keine Frage: Ihre treuen Kunden, die regelmäßig zu Ihnen kommen, sind Ihr großer Schatz. Doch es gibt noch zwei weitere Gruppen, die zwischen Stammkunden und Neukunden oftmals übersehen werden. Dabei liegt auch hier so viel Umsatzpotenzial verborgen: die Schlummerkunden und die Ex-Kunden.

Wie eine fehlerfreie und wirksame Ansprache dieser Kunden aussehen kann, erfahren Sie in den nächsten Abschnitten.

DER KUNDE IM DORNRÖSCHENSCHLAF

Was macht der Prinz bei Dornröschen? Es wach küssen und damit aus seinem hundertjährigen Schlaf erlösen. Was können Sie also tun, um Kunden aufzuwecken, die schon lange nichts mehr bei Ihnen erworben haben? Hier bieten sich zum Beispiel Mailings und Sonderaktionen an.

E-Mail für dich

Ein Onlineshop für Textilien schickt seinen Dornröschen-Kunden beispielsweise eine Mail, in der steht: „Wir möchten Sie gern wiedersehen!" Der Betreff dieser Mail ist bereits ansprechend für den Kunden formuliert und motiviert zum Öffnen: „Exklusiv: 5,- Euro Rabatt für ein Wiedersehen."

In der Mail befindet sich darüber hinaus ein persönlicher Gutschein-Code. So kann der Shop den Erfolg der Maßnahme und die Bestellung dem Kunden später leicht zuordnen. Und das ist noch nicht alles: In der Mail enthalten ist auch ein Call-to-Action-Button mit dem Text „Jetzt Gutschein einlösen" und dem direkten Link zum Onlineshop.

TIPP:

Call-to-Action-Buttons sind generell sehr hilfreich, um eine fehlerfreie Durchführung zu gewährleisten. Hier möchte der Kunde wissen, worauf er klickt und was anschließend passiert. Achten Sie daher darauf, dass Ihr Call-to-Action-Button verständlich beschriftet ist.

WIR HABEN DOCH KEINE ZEIT

Zeitliche Verknappung fördert zusätzlich den Kaufimpuls des Kunden. Auch hieran wurde gedacht: So ist der Gutscheincode nur zwei Wochen gültig. Das erhöht die Motivation, direkt auf den Button zu klicken. Natürlich verzichtet die Mail nicht darauf, dem Kunden auch einige besonders beliebte Artikel zu präsentieren. Natürlich in Bildform.
Und kurz vor Ablauf der zwei Gültigkeitswochen erhält der Kunde, wenn er noch nicht bestellt hat, erneut eine sympathische Erinnerung mit dem Betreff: „In 3 Tagen verfällt Ihr 5,- Euro Wiedersehens-Rabatt!"

Solche Mails sind Ihnen vielleicht auch schon begegnet. Nehmen Sie diese in Zukunft bewusst wahr und schauen Sie gerne kritisch und interessiert darauf, was Sie davon für Ihr eigenes Business nutzen können. Wie immer wichtig: Richten Sie Ihren Fokus auf einen geschmeidigen Ablauf.

EX UND TOP

Die andere Gruppe, die zu Unrecht übersehen wird, sind die Ex-Kunden. Hier ist irgendwann etwas vorgefallen, das diese Menschen dazu gebracht hat, nicht mehr bei Ihnen einzukaufen.

Um es in den Worten unseres Kapitels zu sagen: Es ist sehr wahrscheinlich, dass es hier an der fehlerfreien Durchführung gehapert hat. Doch diese Kunden sind eventuell noch nicht verloren. Geben Sie sich nicht mit einem Wegfall zufrieden. Glauben Sie weiterhin an Ihre Geschäftsbeziehung. Warum, erklären wir Ihnen gleich.

VERLIEBT, VERLOBT, VERLOREN

Warum verlieren Sie einen Kunden? Es kann sein, dass Ihnen der Wettbewerb dazwischengegrätscht ist und diesem Kunden ein besseres Angebot gemacht hat. In diesem Fall waren Sie nicht nah genug am Kunden dran. Sonst hätten Sie dies erahnt, bevor es passiert ist. Und „Angebot" bezieht sich hier nicht nur auf den Preis, wie Sie noch sehen werden. Es kann auch sein, dass dem Kunden etwas in Ihrem Kaufprozess nicht gefallen hat. Und weil die Kundenbindung noch nicht richtig aufgebaut war, hat er es leider nicht rechtzeitig bzw. vorab kommuniziert.

VERMISSTENSUCHE

Sie fragen sich vielleicht: Wo liegt eigentlich der Nutzen, wenn Sie sich um ehemalige Kunden kümmern? Dazu gibt es aus unterschiedlichen Branchen sehr ähnliche Zahlen und Einschätzungen.

Untersuchungen zeigen, dass die Chance, einen verlorenen Kunden zurückzubekommen, bei 20 bis 40 Prozent liegt, während die Chance auf einen Neukunden zwischen 5 und maximal 20 Prozent liegt. Was bedeutet das? Es bedeutet, dass es also günstiger ist, einen verlorenen Kunden zurückzugewinnen, als einen neuen zu gewinnen. Sie können ihn viel gezielter ansprechen. Sie kennen ihn, denn Sie besitzen Daten und Wissen, die Ihnen bei einem Neukunden noch fehlen.

Last, but not least: Die Loyalität, also die Treue des zurückgekehrten Kunden, ist in den meisten Fällen um ein Vielfaches höher als die eines neuen Kunden. Soll heißen: Wer einmal zurückgekommen ist, der ist überzeugt und bleibt auch gerne.

Jetzt wissen Sie, wo Ihre Vorteile in der Kundenrückgewinnung liegen. Schauen wir uns jetzt das Warum aus Sicht des Kunden an.

Sie möchten wissen, warum Ihr Ex-Kunde nicht mehr bei Ihnen ist? Dann haben wir hier …

DIE WAHREN GRÜNDE FÜR DAS ABWANDERN VON KUNDEN

- **38 %** beklagen sich über **Unfreundlichkeit und mangelnde Höflichkeit der Ansprechpartner**
- **30 %** ärgern sich über **Inkompetenz oder Unkenntnis der Materie**
- **27 %** fanden die **Wartezeit** zu lang (am Telefon oder vor Ort)
- **24 %** hatten das Gefühl, ignoriert zu werden und **Desinteresse** von der Gegenseite zu spüren
- **11 %** empfanden **Lustlosigkeit** bei ihrem Gegenüber
- **6 %** kritisierten eine **arrogante Behandlung** von oben herab

(Quelle: Hamburger Marktforschungsinstitut (Mehrfachnennungen möglich))

Fällt Ihnen an dieser Liste etwas auf? Fehler, Fehler, Fehler. Es sind hauptsächlich emotionale Gründe. Gründe, an denen man einfach und jederzeit arbeiten kann. Gründe, die manchmal aus Fehlinterpretation entstanden sein können. Gründe, die man aus der Welt schaffen kann. Was für eine gute Nachricht!

6 TIPPS, MIT DENEN SIE KUNDEN NICHT VERLIEREN

1. Achten Sie darauf, dass Ihre Ansprechpartner freundlich sind.
2. Sorgen Sie dafür, dass Ihre Ansprechpartner kompetent wirken.
3. Sorgen Sie für geringe Wartezeiten.
4. Vermitteln Sie Ihren Kunden authentisches Interesse.
5. Sorgen Sie für motivierte Mitarbeiter.
6. Behandeln Sie Ihre Kunden auf Augenhöhe.

DER TON MACHT DEN ERFOLG

Der Vorwurf in Punkt 1, der schlechte Umgangston der Ansprechpartner, kann durch gezielte Kommunikationstrainings deutlich verbessert werden. Dazu gehören auch Punkt 4 und 5, gefühltes Desinteresse und schlechte Laune. Das kann sogar auf Unwissenheit über die eigene Wirkung zurückzuführen sein. Möglich ist auch, dass der entsprechende Mitarbeiter gar nicht mehr im Unternehmen arbeitet. Eigentlich hat sich dieses Problem also eh bereits von selbst gelöst. Das Dumme ist nur, dass der Kunde es noch gar nicht weiß. Kommunizieren Sie deshalb transparent.

BEI ANRUF: DRACHE

Wir wissen von Patienten, die sich einen anderen Arzt gesucht haben, weil die Mitarbeiterin, die die Telefonate annahm, nicht sehr nett rüberkam. Sie wiegelte Bedenken und Sorgen der Patienten schnell ab und vermittelte dem Anrufer das Gefühl, dass sein Anliegen grad gar unwichtig sei. Sie sich sogar gestört fühlte von diesem Telefonat. Nachdem sich die Beschwerden über diese Dame häuften und sie sich weigerte, ihr Verhalten zu ändern, wurde sie durch eine freundlichere Assistentin ersetzt. Die abgewanderten Patienten kamen gerne wieder, als sie davon hörten. Denn den Arzt, den fanden sie schließlich gut.

BEI ANRUF: NICHTS

In einer anderen Praxis war es eine Zeitlang gang und gäbe, dass man durchschnittlich zehnmal (!) dort anrufen musste, um überhaupt dranzukommen. Eine Warteschleife gab es nicht. Das Telefon klingelte durchgehend und man musste einfach einen glücklichen Moment erwischen, um jemanden erreicht zu bekommen. Glückliche Momente gibt es jedoch wenige, wenn man dringend einen Arzttermin braucht, und so wendeten sich zahlreiche Patienten vom Arzt ab. Endlich setzte dieser eine zweite Telefonkraft ein und diese Maßnahme hat viele Patienten wieder zurückgebracht. Seien Sie also erreichbar für Ihre Kunden.

TIPP:

Auch wenn Sie ein viel beschäftigter Mensch sind, dann sollten Sie Ihren Kunden trotzdem die Erreichbarkeit sichern. Richten Sie sich z. B. unbedingt einen Anrufbeantworter ein. Wenn Sie Ihre eigene Stimme nicht mögen, leihen Sie sich eine sympathische Stimme aus Ihrem Bekanntenkreis. Es gibt nichts Schlimmeres für einen Kunden, als telefonisch vor eine Wand zu laufen.

DER MIT DEM KUNDEN TANZT

Ein Kunde kann sich abwenden, aber zur konsequenten fehlerfreien Durchführung gehört es auch, dass Sie diesem nicht den Rücken zudrehen, sondern ihm offen und klar begegnen. Das fühlt sich zwar im Kopf erst einmal unangenehm an, denn wer läuft schon gerne in einen Konflikt hinein? Aber dieses Invest lohnt sich. Haben Sie Mut!

Besondere Wirkung hat es, wenn sich sogar der Chef selber einschaltet. Wir kennen zum Beispiel einen Tanzschulinhaber, der, wenn Kunden gekündigt haben, selbst den Hörer in die Hand nimmt und genau diese Kunden anruft. Respekt, diesen Schritt an die Basis zu gehen, tun heute nur noch wenige Chefs. Und genau das macht Eindruck!

Mit interessierter, freundlicher Stimme fragt dieser Tanzschulinhaber dann, warum der Kunde gekündigt habe. Mit echtem Interesse. Was passiert dann? Der Kunde erzählt. Ganz oft liegt der Grund in den Lebensumständen. Zum Beispiel zwingt ihn ein Beinbruch in die Ruheposition. Der clevere Inhaber sagt dann, dass das gar kein Problem ist: Man könnte die Mitgliedschaft einfach ruhen lassen. Ohne monatlichen Beitrag. Und nach der Reha kann man wieder zum Treuepreis einsteigen. Der Kunde ist gerührt über das Angebot und nimmt gerne an. Manchmal ist auch der Tanzpartner weggefallen. Dann hat der Tanzschulinhaber direkt eine Liste mit Singles parat. Und schon ist das Problem des Kunden gelöst.

DRUM PRÜFE, WER SICH WIEDER BINDET

Bevor Sie jedoch Zeit und Geld in die Ex-Kunden-Rückgewinnung stecken, prüfen Sie, ob der Kunde überhaupt rentabel war. Stellen Sie sich dazu folgende Fragen:

- **Bei welchem Ex-Kunden lohnt sich ein Neuanfang?**
- **Hat der Ex-Kunde eine Zukunft oder steht er sowieso kurz vor der Insolvenz?**
- **Ist es nur ein Schnäppchenjäger, eine echte Eintagsfliege, die nur nach günstigen Konditionen gesucht hat?**
- **Gab es ernsthafte Schwierigkeiten mit diesem Kunden und sind Sie möglicherweise froh, dass Sie ihn los sind?**

Gehen Sie diese Fragen kritisch durch. Genug Daten dazu sollten Sie in Ihrer gut gepflegten Datenbank haben, immerhin war es mal Ihr Kunde. Wenn Sie dann die lohnenswerten Kunden identifiziert haben, beginnen Sie mit der Reaktivierung.

TIPP:
Schieben Sie diese Gespräche auf keinen Fall auf die lange Bank. Das Timing ist für die fehlerfreie Durchführung entscheidend. Wenn der Kunde sich bereits nach Wochen, Monaten oder gar Jahren schon an die Konkurrenz gewöhnt hat, ist es schwer bis hin zu unmöglich, ihn zurückzugewinnen.

Finden Sie heraus, wo der Schuh wirklich gedrückt hat. Am besten im persönlichen Gespräch. Setzen Sie dann geeignete Maßnahmen zur Behebung des Problems um.

SCHREI VOR GLÜCK

Die erfolgreichste Maßnahme, Kündigungen zu verhindern: Binden Sie den Kunden bestmöglich mit ein, so dass Unzufriedenheit erst gar nicht entsteht. Denken Sie zum Beispiel an das Thema Reklamation. Auch hier können Unternehmen große Fehler noch nach dem eigentlichen Kaufprozess machen.

Zalando dient hier wieder einmal als positives Beispiel. Das Unternehmen zeigt, wie man unter Einbeziehung der Neuen Medien und ihrer Möglichkeiten eine fehlerfreie Durchführung erreichen kann. Nicht umsonst hat Zalando einen durchschlagenden Erfolg vorzuweisen. Die wissen ganz genau, auf welchen Kanälen sie den Kunden erreichen und wie das ganze Unternehmen davon profitieren kann.

Zurück an Zalando

Der Umgang mit Reklamationen bei Zalando: Tatsächlich hat Zalando ein YouTube-Video erstellt, in dem Kunden demonstriert wird, wie sie eine Rücksendung an das Unternehmen fertig stellen. Worauf zu achten ist, wird den Kunden hier ganz genau erklärt. In Bild und sympathischem Ton.

Das reduziert die diesbezüglichen Anrufe in der Zalando-Zentrale ganz beträchtlich, spart also Personalkosten. Und gleichzeitig haben die Kunden hier das Gefühl, sie werden an die Hand genommen. Dieses Unternehmen denkt an mich und meine Fragen. Und das auf eine moderne Art und Weise. Cool.

Den Kunden ernst nehmen, seine Bedürfnisse kennen, seine Verbesserungsvorschläge annehmen – wie das ganz einfach funktioniert, erfahren Sie in den nächsten Kapiteln.

4. DIE ERFAHRUNGSPHASE

4.3 Positive Rückmeldungen

4.3

POSITIVE RÜCKMELDUNGEN

Es gibt zwei gute Nachrichten direkt am Anfang dieses Kapitels. Erstens: Dieses Kapitel ist eines der kürzesten im ganzen Lead-Loop®, weil dieses Thema so leicht zu erklären ist. Zweitens: Die folgenden Tipps sind extrem gut umzusetzen. Schnappen wir uns als Erstes die beiden Begriffe des Titels. Los geht's!

GUT, GUTER, AM GUTESTEN

„Positiv" heißt: Wir sehen das Gute im Kunden. Wir beschenken ihn mit Zeit und Aufmerksamkeit. Wir motivieren. Wir wertschätzen. An dieser Stelle sollten Sie wissen, dass auch die nonverbale Kommunikation eine große Rolle spielt, weil sie den Großteil unserer Kommunikation abdeckt. Menschen kommunizieren hauptsächlich nonverbal. Eine Umarmung beispielsweise ist als Belohnung ein probates Mittel, ein Nicken, ein Lächeln usw.

Da wir aber nach dem Kauf oftmals keine Möglichkeit dazu haben, unser Gegenüber real zu sehen, müssen wir die Schriftform oder telefonische Form zur Kommunikation wählen. Deshalb steht hier das Verbale im Mittelpunkt unserer Aufmerksamkeit. Also WAS und WIE wir etwas sagen. Das WIE nimmt dabei einen größeren Stellenwert ein.

HIER 2 SCHNELLE TIPPS, UM IHRE VERBALE KOMMUNIKATION SOFORT POSITIVER ZU GESTALTEN

1

Nutzen Sie ausschließlich positive Formulierungen

Vermeiden Sie Negationen. Beispiele: Anstatt „Das ist nicht schlimm", sagen Sie besser „Das ist schön". Anstatt „Das geht morgen nicht", sagen Sie lieber „Das geht übermorgen". Negative Formulierungen bleiben 5 Mal so lange im Kopf Ihres Kunden wie positive. Also weg damit!

2

Vermeiden Sie Füllwörter

Kleine Füllwörter wie „keine" oder „nicht" werden vom Gehirn ausgespuckt. Deshalb bleibt auch bei „kein Problem" immer das Wort „Problem" im Gehirn Ihres Kunden unbewusst hängen. Oder bei „Das ist nicht schlecht" das Wort „schlecht". Hier verweisen wir wieder auf den ersten Tipp: Sagen Sie statt „kein Problem" einfach „Für Sie jederzeit gerne" oder für „Das ist nicht schlecht" besser „Das ist klasse".

Üben Sie das einfach im privaten Umfeld. Beim Einkaufen, in Ihrer Beziehung etc. Sie werden sich wundern, wie anders die Menschen auf Sie reagieren. Hier gilt: üben, üben, üben.

SCOTTI AN BRÜCKE

Wir haben uns also mit dem Begriff „positiv" auseinandergesetzt. Nun kommen wir zum zweiten Wort des Titels. „Rückmeldung" bedeutet Folgendes: Eine Kommunikation besteht nicht nur aus einem Sender. Der Empfänger ist von viel größerer Bedeutung. Dessen Feedback, Reaktion, eben die Rückmeldung, entscheidet letztendlich über Gelingen oder Misslingen der Kommunikation. Fragen Sie deshalb ruhig öfter nach, wie es Ihrem Kunden gerade mit Ihnen geht. Ermuntern Sie ihn auch Kritik zu äußern. Je mehr Rückmeldung Sie erhalten, desto genauer, und vor allem besser, können Sie auf ihn eingehen.

ZEIT FÜR EINEN MUTANFALL

Nun zu Ihrer Rückmeldung hin zum Kunden. Wir möchten Ihnen Mut machen, Ihrem Kunden öfter echte, positive Rückmeldungen zu geben. Diese müssen unbedingt authentisch und angemessen sein. Wie aufbauend positive Rückmeldungen sind, haben wir alle schon in frühester Kindheit erfahren. Ein „Du machst das prima!" zu hören, wenn man sich beispielsweise zum ersten Mal getraut hat, Fahrrad zu fahren, motiviert einen weiter dranzubleiben.

Oder schauen Sie in den Profisport. Wenn beim Fußball einer ein Tor schießt, laufen sofort alle anderen aus dem Team zu ihm und begraben ihn unter einem Getümmel. Alle Mannschaftskameraden freuen sich mit dem Torschützen und geben ihm somit eine positive Rückmeldung – eine sehr emotionale!
Wenn jemand auf den Empfänger allerdings keinerlei Wert legt, kann er gerne im stillen Kämmerchen vor sich hin brabbeln. Einen Effekt wird seine Rede damit jedoch nicht haben.

Wie kann positives Feedback für Ihren Kunden aussehen? Dazu in bester Lead-Loop®-Manier wieder gekonnte Beispiele aus der Praxis für die Praxis:

STOLZ WIE OSKAR

Eine Kindergärtnerin nimmt sich am frühen Abend die Zeit und klingelt bei den Eltern an, um diesen etwas Besonderes mitzuteilen. Sie berichtet ihnen zum Beispiel, dass deren Kind sein erstes Wort gesagt hat oder sich in der Gruppe besonders gut präsentiert hat. Was meinen Sie, wie gut ein solches Engagement und Feedback bei den Eltern ankommt? Die Eltern erzählen anderen befreundeten Eltern von ihren Erfahrungen mit dieser Kindergärtnerin. Das Positive für den Kindergarten dabei ist, dass die Eltern begeistert davon weitererzählen, wie gut sich diese Einrichtung um die Kinder kümmert. Dieser Kindergarten kann sich seine Kinder mittlerweile gezielt aussuchen, denn da will jeder hin.

SCHUSTER, BLEIB NICHT BEI DEINEN LEISTEN

Ein Schuster, der noch nach guter alter Handwerkskunst Schuhe per Hand fertigt, sucht, nachdem sein Kunde ein paar Tage im Besitz der neuen Schuhe ist, erneut das Gespräch mit ihm. Er ruft ihn an, um sich nach seinem Tragegefühl zu erkundigen. Ob er zufrieden ist. Er bietet gegebenenfalls auch eine Nachbesserung an, wenn der Kunde noch nicht ganz zufrieden ist. Was jedoch so gut wie nie vorkommt.

Das Tolle ist: Der Kunde macht durch die positive Rückmeldung eine gute Erfahrung NACH dem eigentlichen Kauf. Genau darauf kommt es an.

Und noch ein kleiner Hinweis auf ein weiteres Kapitel im Lead-Loop®: Diese positive Erfahrung fließt auch ganz sicher in die Aussagen dieses Kunden auf den Bewertungsportalen ein. Über diese Bewertungsportale haben Sie ja schon bereits einiges im Kapitel 2.2 „Weisheit der Vielen" erfahren. Und so schließt sich der Kreis. Doch nur um später in der fünften Phase richtig Gas zu geben. Es bleibt also spannend.

GELUNGENE ÜBERRASCHUNGEN

Positive Rückmeldungen können die unterschiedlichsten Formen haben. Neben einer sympathischen Danke-Mail gibt es eine Vielzahl an kreativen Variationen. Dazu gehören auch kleine Geschenke oder Überraschungen. Hier vier gelungene Beispiele aus dem realen Leben.

RITTERLICHES FACETUNING

Ritter Sport macht Ihren Geschäftspartner zum Cover. Was bedeutet das? Sie können bei Ritter Sport eine individualisierte Produktverpackung erstellen lassen. Sie wählen die Schokolade aus und liefern dem Produzenten ein Foto und einen Text, die auf dieser Verpackung stehen sollen. Dann wird ein individuelles Design angefertigt. Fertig ist die Ritter Sport-Umverpackung für Herrn/Frau XY mit Konterfei.

Der positive Effekt ist, dass Ihr Geschäftspartner zum einen ein sehr persönliches Präsent von Ihnen erhält und zum anderen on top ein Danke mit einer ganz persönlichen Text-Note. Der zusätzlich positive Clou ist, dass der Beschenkte dieses Präsent auch sehr gerne seinen Freunden, Bekannten und Kollegen zeigt. Ein Werbeeffekt für Ritter Sport und auch dem Schenkenden – also für Sie.

VERSPROCHEN IST VERSPROCHEN

Das Versandhaus Amazon hat natürlich derart viele Kunden, dass es einfach den Rahmen sprengen würde, jedem Kunden ein individuelles Präsent zukommen zu lassen. Amazon geht deshalb einen anderen Weg der positiven Rückmeldung. Jeder Kunde, der eine Bestellung eingibt, erhält beim Versand eine E-Mail mit der Nachricht, dass die Ware versendet wurde. Also eine Art Kundenversprechen. Nun sind die Kunden bestens informiert und können sich bereits jetzt auf die Ware freuen. Meist warten sie dann jeden Tag auf den Postboten, um endlich – voller Vorfreude – ihr Paket entgegenzunehmen. Das ist wie „auf die Bescherung an Weihnachten" zu warten.

Je mehr Rückmeldungen ein Kunde also über den Verbleib seiner Ware erhält, umso verbundener wird er bei der nächsten Bestellung mit Amazon sein. Diese Rückmeldungen stehen auch dafür, dass Amazon zu seinem Wort steht. Die wichtige Botschaft dadurch lautet: Auf Amazon ist Verlass.

BLUMEN MIT BISS

Ein Dentallabor macht es ganz simpel, aber wirkungsvoll. Bei jeder Erstbestellung einer neuen Zahnarztpraxis versendet es zusätzlich einen Strauß frischer Blumen. Das hebt die Stimmung und sorgt jeden Tag dafür, dass sowohl die Wertschätzung für den Erstauftrag als auch gute Laune beim Zahnarzt präsent ist. Denn Blumen stehen für Anerkennung und Wertschätzung. Blumige Grüße gibt es sonst schließlich auch nur zu besonderen Anlässen. Somit unterstreicht das Dentallabor den ersten Auftrag als einen besonderen Moment. Zusätzlich hat dieser Gruß auch noch den Vorteil, dass er viele Sinne anspricht. Der Neukunde wird ab sofort dieses Labor „gut riechen" können. Die Chemie stimmt.

GESCHMACKVOLLER GRUß

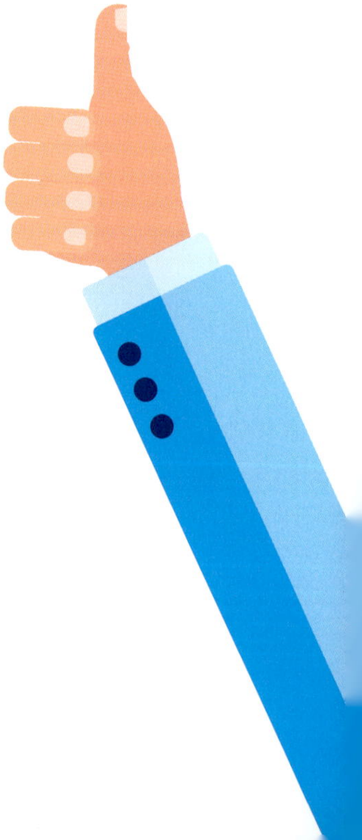

Auch Roger Rankel nutzt einen besonders sinnlichen Effekt. Nach der Buchung seines Vortrags kommt weit vor dem eigentlichen Termin eine delikate Überraschung zum Kunden ins Haus: eine kostbare Holz-Schokoladenbox mit dem Wortspiel: „Um Ihre Wartezeit noch etwas zu versüßen." So wird der Kunde tagtäglich positiv erinnert, dass er sich mit allen Sinnen auf seinen baldigen Vortrag freuen darf. Er spürt Anerkennung und Wohlempfinden, sobald er den Namen Roger Rankel hört. Perfekte positive Rückmeldung.

SIE SIND DRAN

Welche Ideen haben Sie für Ihre kreative positive Rückmeldung? Gibt es etwas an Ihrem Produkt, das Sie zweckentfremden können? Oder haben Sie eine Idee, womit Sie Ihre Dienstleistung gekonnt mit einer positiven Rückmeldung koppeln? Lassen Sie Ihren Ideen freien Lauf. Alles, womit Sie eine Freude machen können, ist gut.

VERSICHERNDES FEEDBACK

Ein Versicherungsmakler ruft drei Tage nach Vertragsabschluss seinen Kunden an. Einfach, um ihm zu sagen, wie gut er das Gespräch mit ihm fand und dass er froh ist, gemeinsam eine gute Lösung gefunden zu haben. So ein Lob hört jeder gerne. Wenn er dann auch noch gezielt positive Wörter einstreut wie „Lieblingskunde" oder „solche Termine liebe ich", hat das Feedback seine Wirkung erzielt. Der Kunde fühlt sich angenommen und findet den Weg wieder zu ihm.

SPORTLICHES FEEDBACK

Das Unternehmen Porsche nutzt dieses positive Feedback auf sehr hohem Level. Nach dem Kauf eines Sportwagens erhält der Kunde ein Jahr später ein Päckchen mit einem persönlichen Schreiben. In diesem Schreiben bedankt sich das

Unternehmen für den Kauf des Wagens. Unter dem Schreiben befindet sich eine edle Schatulle. Darin liegt eine gravierte Trophäe, für ein Jahr Porsche fahren. Die Gravur beinhaltet die Gratulation zum einjährigen Geburtstag des PKW.
Wie cool und clever ist das denn? Porsche schafft es mit dieser Aktion, den klassischen Wertverlust, den jedes Fahrzeug aller Marken gerade im ersten Jahr hat, wegzublasen. Das Unternehmen dreht den negativen Effekt um 180 Grad in einen positiven um. Dieses Geschenk löst beim Kunden Stolz und Verblüffen aus. Es steht auf vielen Schreibtischen und erinnert die Kunden jeden Tag an die Freude, die ihre Wagen auslösen. Die Kunden werden aufgewertet und freuen sich jedes Mal, wenn sie in ihren Wagen steigen.

TIPP:

Positive Rückmeldung ist gut. Ein übertriebenes Dankeschön ist es nicht! Bedanken Sie sich nicht zu überschwänglich bei Ihrem Kunden. Das könnte verdächtig auf den Kunden wirken und er würde skeptisch werden. Die Trophäe passt zum Luxuswagen. Aber mit einem Kleinwagen würde diese Aktion nicht harmonieren. Sie kennen sicher die besonders fleißigen Schüler in der Klasse, die dem Lehrer so gerne „Honig ums Maul schmieren". Die waren unbeliebt. Weil es aufgesetztes Verhalten war. Wenn Sie so bei einem Kunden auftreten, könnte bei diesem der Eindruck entstehen, Sie wären extrem erleichtert, dass er das Angebot angenommen hat. Und wer ist extrem erleichtert? Genau! Der, der sonst keinen Erfolg hat. Das wirft Fragen auf und erzeugt eher Unsicherheit als Sicherheit beim Kunden. Also „Thank-you-soooooo-much!!!" ist ein No-Go. Echte Freundlichkeit ein Muss.

Wenn Sie Ihrem Kunden eine positive Rückmeldung geben, ist natürlich die Erwartungshaltung Ihrerseits, auch eine solche zu bekommen. Seien Sie nicht zu enttäuscht, wenn Sie auch mal Kontra bekommen. Sehen Sie es mal so: Kritik ist kostenlose Beratung, was besser gemacht werden kann. Hören Sie genau hin, was Ihre Kunden sagen. Und lernen Sie daraus.

EHRLICH WÄHRT AM LÄNGSTEN

Meinen Sie Ihr Feedback immer ehrlich. Lügen haben nicht nur kurze Beine, sondern werden sehr schnell entlarvt. Spätestens dann, wenn sich zwei Ihrer Kunden unterhalten und feststellen, dass Sie bei beiden mit demselben konstruierten Satz aufgewartet sind. Dadurch geschieht nämlich genau das Gegenteil. Sie vergällen die Kunden nachträglich. Und im schlechtesten Fall sogar beide.

Noch mehr zum Feedback seitens des Kunden erfahren Sie in den kommenden Kapiteln des Lead-Loop®.

4. DIE ERFAHRUNGSPHASE

4.4 Erfolgreiche erste Schritte

4.4

ERFOLGREICHE ERSTE SCHRITTE

Nanu, wieso kommt denn im Kapitel 4.4 plötzlich das Thema „Erfolgreiche ERSTE Schritte"? Sind die nicht schon längst vorbei? Ja und nein. Denn wie ein Ring hat auch der Lead-Loop® keinen Anfang und kein Ende.

Das bedeutet, dass Sie den Kunden immer wieder von neuem überzeugen dürfen. Er soll ja nicht nur einmal bei Ihnen kaufen, sondern immer wieder. Der erste Kauf basiert auf einem Versprechen, das Sie dem Kunden geben. Jeden weiteren müssen Sie sich durch Ihre erbrachte Leistung verdienen.

Dazu müssen Sie den Kunden von sich überzeugen. Nach dem Motto: „Alles richtig gemacht, lieber Kunde, dass Sie zu mir gekommen sind." Genau jetzt, in der Erfahrungsphase, kann Ihnen etwas zugute kommen, was Sie einmalig Arbeit kosten wird; wovon Sie im Anschluss jedoch ganz lange profitieren können.

EINE BESONDERS GROßE VISITENKARTE

Wir empfehlen Ihnen nämlich in diesem Kapitel einen sehr coolen Weg, wie Sie sich die lange währende Achtung Ihrer Kunden verdienen können. Dieser Weg ist sehr originell. Vielleicht klingt er erst einmal etwas überzogen.

Aber geben Sie dem Gedanken eine Chance: Werden Sie Buchautor!
Keine Angst, Sie sollen keinen x-beliebigen Roman verewigen, sondern ein Sachbuch. Am besten unterhaltsam geschrieben. Etwas, das zu Ihrer Branche passt.

Stellen Sie sich einmal vor, Ihr Kunde hat das erste Mal etwas bei Ihnen gekauft bzw. einen ersten Abschluss mit Ihnen besiegelt. Im Nachgang schenken Sie Ihrem Kunden nun Ihr eigenes Buch. Es ist doch kein Wunder, wenn Ihr Kunde nun denkt: „Wow! Na, mit diesem Berater habe ich definitiv alles richtig gemacht!"

Wichtig ist, dass Sie es nicht bei einem E-Book bewenden lassen, sondern es richtig zur Buchreife bringen. Als echter Autor erhalten Sie automatisch Autorität. Gibt es ein Thema, das Sie an Ihrem Beruf begeistert oder wo Sie Handlungsbedarf sehen? Haben Sie innovative Gedanken und möchten diese mit der Welt teilen? Nur zu, hiermit ermutigen wir Sie: Werden Sie Autor und gewinnen Sie Autorität.

HIER GEHT'S UM EMPFEHLUNGSMARKETING!

9 GRÜNDE FÜR IHR EIGENES BUCH

Ein eigenes Buch hat so viele Vorteile, dass wir sie gar nicht alle aufzählen können. Deshalb nachfolgend die 9 wichtigsten:

1. Bereits seit Phase 1 ist klar: Kunden suchen Experten. Gibt es ein besseres Mittel, Expertenstatus zu demonstrieren, als ein Buch geschrieben zu haben? Kompetenzcheck direkt bestanden.

2. Ihre Kunden werden von Ihnen erzählen nach dem Motto: „Mein Berater hat sogar ein eigenes Buch geschrieben ..." Das ist weitererzählens- und weiterempfehlenswert! Wir Fachleute nennen das eine Erzählstory bzw. einen Narrativ.

3. Ein Buch ist etwas Tolles zum Anfassen. Es ist real und überzeugt dadurch mehr als manches Argument.

4. Es ist ein tolles persönliches Give-Away, das Sie Ihren Kunden beispielsweise zum Erstkontakt, zu Weihnachten oder zur gelungenen Zusammenarbeit schenken können. Wenn Sie dann noch eine persönliche Widmung hineinschreiben, ist es individualisiert.

5 Ein eigenes Buch liefert einen riesigen Mehrwert. So sind Sie Ihrer Konkurrenz eine Buchlänge voraus. Das kann der entscheidende Unterschied sein. In der Erfahrungsphase aber ebenso auch in der Recherchephase. Stellen Sie sich vor, Ihr Noch-nicht-Kunde googelt Ihren Namen und findet heraus, dass Sie ein kompetenter Autor sind. Großes Glaubwürdigkeits-Plus!

6 Sie bringen Ordnung in Ihre eigenen Gedanken, ein Buch bringt enorme Klarheit.

7 Sie sorgen für neuen Schwung in Ihrem Beruf, Sie probieren sich in einem völlig neuen Feld aus. Sehen Sie es als Herausforderung für Ihre persönliche Entwicklung!

8 Mit einem eigenen Buch gewinnen Sie neue Fans und eine größere Popularität. Ganz neue Kanäle stehen Ihnen offen.

9 Last, but not least: Es muss ja kein dicker Wälzer sein, ein kleines Buch für die Hosentasche reicht schon völlig aus. Wenn Ihnen doch mehr einfällt, nur zu. Dann machen Sie eine Serie daraus.

3 TIPPS ZUR VERÖFFENTLICHUNG IHRES BUCHES

Was die Veröffentlichung angeht, so haben Sie grundsätzlich zwei verschiedene Möglichkeiten.

1

Lieber Eigenregie ...

Sie können es in Eigenregie veröffentlichen. Suchen Sie sich einen Grafiker, der Ihnen das Buch setzt, und eine Druckerei, die es druckt. Dadurch haben Sie völlig freie Hand und sind unabhängig von den Wünschen und Vorgaben eines Verlages. Sie sind aber auch nicht automatisch in allen Katalogen gelistet. Ein weiterer Tipp für die Selbstveröffentlichung ist Books on Demand (BoD). Hier müssen Sie nicht direkt eine ganze Tranche Bücher drucken lassen. Sie haben den Vorteil, dass Sie auch Stückzahl eins drucken lassen können. Somit sind auch die Kosten gut im unteren Level zu halten. Wenn Sie zum Beispiel erst eine Bestellung eines Kunden annehmen und es erst dann drucken lassen, entsteht Ihnen kein Risiko.

2

... oder Verlag

Wenn Sie mit einem Verlag zusammenarbeiten möchten, überzeugen Sie diesen von Ihrem Projekt. Was den Buchtitel angeht, so liefert der Verlag mit seiner Erfahrung oft guten Input. So manches Buch ist erst durch die Hilfe des Verlages und eines ansprechenden Buchtitels ein Erfolg geworden. Vergleichen Sie mal diese Titel: „Die Nebenwirkungen des Sitzens" und „Sitzen ist das neue Rauchen". Der zweite Titel gehört einem Bestseller. Der Titel verkauft das Buch.

3 Agentur geht immer

Ob Eigenverlag oder Fremdverlag, die Zusammenarbeit mit einer Agentur, die sich damit auskennt, ist immer hilfreich. Die Agentur kann Sie mit Bildern versorgen, so dass Sie sich ganz auf den Inhalt konzentrieren können. Das Layout des Buches wird von der Agentur ebenfalls ansprechend gestaltet und ist ganz entscheidend für die professionelle Wirkung eines Buches.

EINER DER CLEVERSTEN TRICKS VON AMAZON

Noch nicht ganz überzeugt? Dann wenden Sie einen genialen Trick an, der bei Amazon bestens funktioniert und für zahlreiche Neuentwicklungen verantwortlich ist. Amazon denkt nämlich vom Ergebnis her.

Wie funktioniert das und wie können Sie das für sich nutzen? Die Kreativen bei Amazon haben tatsächlich als Allererstes die Pressemitteilung für das neue Sprachassistenten-System geschrieben, noch bevor Alexa überhaupt ihr erstes Wort gesprochen hatte.

Amazon nennt das: Working backwards. Vom imaginären Zustand zum Ist-Zustand. Auf technische Details und mögliche Schwierigkeiten wird keine Rücksicht genommen. Sogar die FAQs, die Frequently Asked Questions, hat das Entwicklerteam bei Amazon schon geschrieben. Damit steht der Kunde von Anfang an im Fokus der Entwicklung. So sieht man zuerst die Möglichkeiten und nicht die Hindernisse. Stark!

Was bedeutet das jetzt für Sie? Setzen Sie sich hin und schreiben Sie eine Rezension oder einen Zeitungsartikel über Ihr Buch. Was steht drin und was ist an diesem Werk besonders gelungen? Dieses Vorgehen hat einen weiteren riesigen Vorteil: Sie machen sich konkret über etwas Gedanken, das in anderen Prozessen erst am Ende kommt, wenn manchmal gar keine Energie mehr da ist und/oder die Zeit knapp wird.

Das ist die moderne Methode, den Erfolg vorzuprogrammieren. Innerhalb des Projektes und darüber hinaus. Und haben wir schon erwähnt, was für einen Push Ihr Selbstbewusstsein erhält durch den Status Buchautor? Unterschätzen Sie diesen Punkt nicht.

MEINE FIRMA, MEIN BUCH UND ICH

Für Ihre Selbstvermarktung ist ein eigenes Buch natürlich auch Gold wert. Sie können zum Beispiel das Buchcover in Ihre Email-Signatur einbinden. So weiß jeder gleich, mit wem er es zu tun hat. Oder Sie veröffentlichen kurze Leseproben in Ihrem Newsletter. Oder Sie stellen einen Countdown auf Ihre Website bis zur Veröffentlichung des Buches. Dieses Event feiern Sie dann mit Ihren wichtigsten Kunden. Die Lokalpresse darf bei so einem Ereignis natürlich auch nicht fehlen. Schon haben Sie ganz viel positive Publicity!

Abschließend ist zu sagen: Ein Buch ist etwas, das bleibt. Wer schreibt, der bleibt. Das ist nicht umsonst so geschrieben. Deshalb ist dies auch unser „Erste-Schritte-Tipp" in diesem Kapitel. Los geht's. Viel Spaß und viel Erfolg dabei!

4. DIE ERFAHRUNGSPHASE

4.5 Vertiefung der Beziehung

4.5

VERTIEFUNG DER BEZIEHUNG

In England gibt es ein Sprichwort: „The proof of the pudding is in the eating." Auf Deutsch in etwa: „Ob der Pudding gut ist, zeigt sich beim Essen." Oder: „Ob der Pudding gut ist, merkst du, wenn du ihn isst." Das bedeutet, man kann viel im Vorfeld behaupten, auch Marketing kann viel versprechen, aber die Wahrheit zeigt sich bei der Anwendung.

Das Gute daran gleich vorweg: Für Sie als Lead-Loop®-Eingeweihten ist das durchaus etwas Positives. Etwas, mit dem Sie sehr gut weiterarbeiten können.

Wir befinden uns hier schon im letzten Kapitel der Erfahrungsphase. Der Kunde isst jetzt Ihren Pudding, um bei dem obigen Sprichwort zu bleiben. Gewonnen haben Sie, wenn der Kunde danach denkt: „Wow, war das gut! Ich will nie mehr einen anderen Pudding!"

Wie schaffen Sie das? Sie haben hier immense Spielmöglichkeiten, weit mehr als ein Puddinghersteller. Hier geht es darum, die Beziehung mit Ihrem Kunden gekonnt so zu gestalten, dass sie lange hält. Im besten Fall entwickeln Sie ihn zu einem begeisterten Stammkunden. Durch Begeisterung entsteht Verbundenheit. Hierbei spielt Kommunikation natürlich eine entscheidende Rolle. Wie Sie durch geschickte Kommunikation zum Ziel „Stammkunde" gelangen, lernen Sie in diesem Kapitel.

3 TIPPS, WIE SIE AN RELEVANTE KUNDEN-INFORMATIONEN KOMMEN

Zur gelungenen Kommunikation gehören Sender und Empfänger. Es geht um Verständigung, ja sogar um Verständnis. Finden Sie heraus, was für Ihren Empfänger, also Ihren Kunden, relevant ist.

1 Kommen Sie ruhig näher

Jetzt, wo Sie Ihren Kaufabschluss in der Tasche haben, überprüfen Sie noch einmal, ob es Zeit für den Austausch privater Interessen ist. Welche Hobbys hat Ihr Kunde? Liebt er Tiere? Wie ist seine familiäre Situation? …

2 Auf der Spur von Sherlock Holmes

Da Sie inzwischen mit Sicherheit unsere Social-Media-Tipps beherrschen, hat sich Ihr Kunde höchstwahrscheinlich schon mit Ihnen via „Gefällt mir" verknüpft. Nun ist es Zeit, den Spieß umzudrehen. Interessieren Sie sich für sein Online-Profil und erfahren Sie, was ihn in seinem Leben aktuell bewegt.

3 Spannen Sie den Fragebogen

… aber überspannen Sie ihn nicht. Eine kurze Frageliste, um wesentliches Feedback einzuholen, ist Gold wert. So holen Sie gezielt wichtige Informationen für das künftige Kundenverhältnis ein.

Das Ergebnis:
Das Interesse des Kunden steigt, weil Sie sich für ihn interessieren. Er wiederum schenkt Ihnen das wertvollste Gut: Aufmerksamkeit.

KÜMMERN STATT VERKÜMMERN

Kümmern Sie sich um Ihre Kunden. Lassen Sie die Beziehung nicht schleifen, sondern stellen Sie aktiv Kontakt her. Das kann ganz unterschiedliche Formen annehmen. Telefon, E-Mail, Besuch etc.

Wenn Sie jetzt denken: „Das ist doch selbstverständlich, dass ich Kontakt halte", ist das löblich. Fragen Sie sich aber auch, in welchen Abständen Sie den Kontakt herstellen. Unterscheiden Sie dabei zwischen besonders lukrativen Kunden, bei denen Einsatz und Umsatz in gutem Verhältnis stehen? Oder scheren Sie alle über einen Kamm? Welche Kanäle nutzen Sie? Wo können Sie noch mehr erreichen?

WISSEN IST UMSATZ

Gute Versicherer wissen, was in der Familie ihrer Kunden gerade passiert. Wenn Sie wissen, was aktuell ansteht, ist das ein Mega-Türöffner. Hat sich Nachwuchs angekündigt? Wird das Haus langsam zu klein? Verstehen sich die Ehepartner weiterhin gut? Ist gesundheitlich alles in Ordnung? Das sind alles Ansatzpunkte, Ihre Beziehung zu vertiefen. Gehen Sie auf dieses neue Wissen sensibel ein und nutzen Sie es, um Ihre Kunden immer besser zu verstehen.

FLOWER POWER

Zeigen Sie ehrliches Interesse. Ein nebenbei geäußertes „Alles Gute für Ihre Familie" ist schon ein Anfang, aber viel effektiver ist ein „Wie geht es Ihrer Frau?" oder „Wie war es im Urlaub in Ihrem Ferienhaus am Meer?".

MERKE: Sicherlich kann man sagen, dass die Tipps, die wir Ihnen hier zur Vertiefung der Beziehung geben, Small Talk sind. Jetzt wundern Sie sich vielleicht. Haben wir Ihnen doch im Kapitel 3.1 unter dem Thema Kompetenzcheck von eben diesem abgeraten. Nun, eigentlich ist es ganz einfach: Beim Kompetenzcheck lernt Ihr Kunde Sie gerade neu kennen. Da ist es ganz wichtig, dass Sie sofort mit Ihrer Kompetenz überzeugen. Das wirkt! Lassen Sie also Small Talk zu diesem Zeitpunkt sein. Aber jetzt, wo Sie Ihre Beziehung vertiefen möchten, sind Sie einen riesigen Schritt weiter. Ihr Kunde weiß bereits um Ihre Kompetenz. Nun sind ganz andere Dinge wichtig. Werden Sie „Freund" mit Ihrem Kunden. Und das geht über die genannten Tipps besonders gut!

TIPP:

Um solche persönlichen Fragen stellen zu können, hat es sich bewährt, Inhalte vorheriger Gespräche schriftlich festzuhalten, um darauf Bezug nehmen zu können. Idealerweise enthält sogar Ihre Datenbank Angaben, wie das Geburtsdatum der Frau, den Hochzeitstag, Hobbys etc. So können Sie sich sogar selbst diesbezüglich eine Erinnerung schicken lassen.

Oder noch einen Schritt weiter gedacht: Senden Sie der Frau Ihres Kunden doch direkt einen Blumenstrauß zum Geburtstag. Stellen Sie sich mal vor, wie die Ehefrau begeistert Ihrem Kunden hiervon erzählt. Diese persönliche und sehr emotionale Geste bleibt langfristig in den Köpfen und sorgt so dafür, dass Sie immer Ansprechpartner Nummer 1 bleiben.

HITLISTE

Eine kleine Schätzfrage an Sie: Was ist am wichtigsten, damit Ihr Gegenüber Ihre Botschaft versteht? Ist es der Inhalt, die Körpersprache oder die Betonung? Überraschung: Es ist die Körpersprache, gefolgt von der Betonung. Der Inhalt spielt nur zu 5 % (!) eine Rolle, um Ihre Botschaft zu vermitteln.

Körpersprache, also Körperhaltung, Gestik, Gesichtsausdruck usw., sind mit 55 % der Spitzenreiter. Die Intonation, also die Betonung der Worte, folgt mit 40 % Wichtigkeit. Wer hätte das gedacht?

FÜR WAHRE SIEGER

Probieren Sie mal Folgendes aus:

- Stellen Sie sich aufrecht hin.
- Nun lassen Sie Schultern und Kopf hängen und sacken in sich zusammen.
- Spüren Sie schon etwas? Schon jetzt ändert sich Ihre innere Haltung.
- Versuchen Sie nun hochmotiviert „Es geht mir total gut!" oder „Ich bin ein Sieger!" zu rufen. Doch Achtung: Verändern Sie dabei Ihre Körperhaltung nicht! Der Kopf bleibt weiter unten.

Geht nicht? Logisch! Denn Ihre Körperhaltung suggeriert Ihrem Gehirn, dass es Ihnen weiterhin schlecht geht.

Achten Sie in Zukunft also auf Ihre Körpersprache. Sie muss auch das transportieren, was Sie sagen wollen. Und zwar bereits bevor Sie es sagen.

BETONUNG MACHT DIE MUSIK

Anhand des folgenden Beispiels können Sie sehr schön erkennen, wie wichtig die Betonung ein und desselben Satzes ist. Lesen Sie die folgenden Zeilen laut vor, um noch besser zu erkennen, wie der Sinn sich jedes Mal ändert:

ER sagte nicht, er habe das Geld gestohlen.	(Es war vielleicht sein Kumpel.)
Er **SAGTE** nicht, er habe das Geld gestohlen.	(Er hat es gedacht/geschrieben.)
Er sagte **NICHT**, er habe das Geld gestohlen.	(Hat er nie behauptet.)
Er sagte nicht, **ER** habe das Geld gestohlen.	(Es war ein anderer.)
Er sagte nicht, er **HABE** das Geld gestohlen.	(Er wollte es nur.)
Er sagte nicht, er habe **DAS** Geld gestohlen.	(Ein anderes schon.)
Er sagte nicht, er habe das **GELD** gestohlen.	(Sondern die Uhr.)
Er sagte nicht, er habe das Geld **GESTOHLEN**.	(Nur ausgeliehen.)

LEICHTGEWICHT

Was bedeutet das für Sie? Sie dürfen getrost Ballast abwerfen. Sie wissen nun, dass Ihr Kunde nicht so viel Gewicht in Ihre Worte legt. Die Art, wie Sie zu ihm sprechen, entscheidet. Machen Sie sich also nicht zu viel Druck, die richtigen Worte zu finden. Sie können immer mit Ihrer Ausstrahlung (Körpersprache) punkten.

Achten Sie zusätzlich auf Ihre Sprechweise, also wie Sie die Wörter betonen. Dies ist besonders in Telefonaten wichtig, da Sie hier nicht durch Ihre Körpersprache punkten können.

Die schönsten Worte nutzen nichts, wenn sie nicht überzeugend gesprochen werden. Seien Sie immer überzeugt von dem, was Sie zu sagen haben. Wenn es dann noch von Herzen kommt, haben Sie gewonnen.

HERZLICHST

Zum Abschluss dieses Kapitels noch einmal ein Zitat aus dem Englischen: In England sagt man zu „auswendig lernen" „learn by heart". Mit dem Herzen lernen, das können auch Sie. Gehen Sie herzlich auf Ihre Kunden zu und Sie werden Fans gewinnen, die Ihnen treu bleiben.

5. DIE FÜRSPRECHERPHASE

5.1 Bewerten und Teilen

5.1

BEWERTEN UND TEILEN

Yes, Sie kommen auf die Zielgerade. Sie haben bis hierhin die Beziehung mit Ihren Kunden vertieft und damit auch die Beziehung zu Ihrer Dienstleistung bzw. Ihrem Produkt. Jetzt können Sie die Früchte Ihrer bisherigen Arbeit ernten.

In dieser fünften Phase gibt es elementare Tipps und Tricks, mit denen Sie Ihren Kunden überzeugen, dass Sie der Richtige sind und vor allem auch bleiben.

SPRICH FÜRSPRECHERISCH

Das erklärte Ziel dieser fünften und letzten Phase lautet: Mache deine Kunden aktiv zu deinen Fürsprechern. Was bedeutet Fürsprecher überhaupt? Ein Fürsprecher setzt sich für Sie ein. Er ist von Ihnen und Ihrer Leistung überzeugt und vertritt seine Meinung auch bei anderen. Er tut seine Meinung kund und steht auch in schwierigen Zeiten zu Ihnen. Auf ihn können Sie sich verlassen. Im Grunde ist er sogar einer Ihrer Vertriebskanäle.

3 EINFACHE TIPPS, WIE SIE DIE STIMMEN IHRER FÜRSPRECHER NUTZEN

1. Verwenden Sie die Aussagen Ihrer Fürsprecher als O-Ton bzw. Zitat in Foldern oder Image-Broschüren.

2. Binden Sie sie auch in Ihre Website mit ein.

3. Auch ein Referenzordner, der in Ihrem Unternehmen ausliegt, ist denkbar. Diesen können sich Ihre wartenden Kunden durchlesen. Sie werden so unmittelbar, bevor sie mit Ihnen reden, bestärkt, dass Sie genau der Richtige sind.

Solch ein Referenzordner geht übrigens schon in Richtung Bewertungsportal. Kunden bewerten Ihre Leistung und teilen diese anderen potenziellen Kunden mit. Genau hierum geht es in diesem Kapitel. Die Überschrift lautet Bewerten und Teilen. Wie also können Sie durch Bewertungen und Teilen neue Fürsprecher gewinnen und alte Fürsprecher begeistern? Am Ende dieses Kapitels kennen Sie die wichtigsten Maßnahmen.

BEWERTEN WERTET AUF

91 % der Kunden lesen heutzutage Online-Bewertungen, bevor sie eine Kaufentscheidung treffen.

70 % sind auch bereit, selbst zu bewerten.

ONLINE-BEWERTUNGSPORTALE

Hier haben wir zwei Anbieter für Sie herausgesucht, bei denen Ihre Kunden für Sie werben können:

www.meinungsmeister.de
www.whofinance.de

Bewertungen einholen funktioniert dank des Internets auch ganz einfach. Das können Sie sich zunutze machen:

NACH DEM KAUF IST VOR DER BEWERTUNG

Machen Sie es sich zur Routine, gerne auch mit programmiertechnischer Unterstützung, dass Sie Ihrem Kunden immer eine gewisse Zeit nach dem Kauf eine Mail senden. In dieser fragen Sie ihn nach seinen Erfahrungen mit dem Produkt oder der Dienstleistung. Bitten Sie ihn, diese auch zu bewerten und zu teilen – somit anderen potenziellen Kunden bei deren Kaufentscheidung zu helfen. Der Link zu Ihrem Bewertungsportal ist natürlich gleich beigefügt.

Sehen Sie auch negativen Bewertungen mutig entgegen. Gehen Sie konstruktiv mit ihnen um. Denn auch negative Bewertungen zeigen, dass der Kunde noch in Kommunikation mit Ihnen steht. Also nutzen Sie diese Chance zur Kommunikation. Und denken Sie daran, dass ein paar negative Bewertungen auch zu Ihrer Authentizität beitragen. Wenn jemand nur positive Bewertungen erhält, ist das manchmal verdächtig, wie wir bereits in Kapitel 2.2 erfahren haben.

GETEILTES LOB IST DOPPELTES LOB

Jetzt ein Tipp mit durchschlagendem Erfolg. Es geht um das gezielte Teilen Ihrer Website:

Gesprächsbeispiel „Website teilen"

Immer, wenn Sie ein gutes Verkaufserlebnis hatten, sprechen Sie Ihren Kunden hinterher wie folgt an:
„Hand aufs Herz, lieber Kunde! Wie haben Sie unsere Zusammenarbeit erlebt? Wie zufrieden sind Sie?"

Was passiert dann? Von einem zufriedenen Kunde erhalten Sie ganz sicher eine gute Rückmeldung. Und jetzt kommt's:

HIER GEHT'S UM EMPFEHLUNGSMARKETING!

Sie sagen als Nächstes:
„... dann würde ich mich freuen, wenn Sie diese gute Erfahrung teilen würden. Gehen Sie hierzu einfach auf meine Website und klicken auf den Teilen-Button. Dann springt ein E-Mail-Fenster auf und Sie können mich über meine Website weiterempfehlen. Das heißt: Sie schreiben ein bis drei Freunde, Bekannte, Verwandte oder Kollegen an und teilen die gute Erfahrung, die Sie mit mir gemacht haben. Ich würde mich sehr darüber freuen."

Stellen Sie sich mal vor, wie viele Noch-nicht-Kunden sich im Netzwerk Ihrer zufriedenen Kunden befinden. Von diesen Noch-nicht-Kunden sind Sie nur einen einzigen, sehr guten Kontakt entfernt. Jetzt stellen Sie sich weiter vor, was passiert, wenn Ihr Kunde solch eine Empfehlungs-E-Mail versendet. Richtig! Es kann nur weitere Neukunden regnen.

MERKE:
Die Öffnungsraten dieser persönlichen E-Mails sind nahezu 100 % (!)

Ist ja auch klar: Diese persönliche Empfehlungs-E-Mail kommt von jemandem, dem man vertraut. Und genau deshalb ist die Wahrscheinlichkeit so hoch, dass die „Noch-nicht-Kunden" Ihre Website wirklich anschauen und Sie auf diese Weise kennenlernen.

Kurzum: Mit diesem Teilen-Button sendet Ihr Kunde den Link zu Ihrer Website seinen Bekannten bzw. Ihren zukünftigen Kunden. Eine neue Kaufreise kann beginnen.

Ihre Website ist natürlich nach den Prinzipien des Lead-Loop® aufgebaut. Da ist es nur noch eine Frage der Zeit, dass die potenziellen Kunden mit Ihnen Kontakt aufnehmen.

FACEBOOK FÜR FÜRSPRECHER

Nachdem wir in den vorherigen Kapiteln viel über die Situation im persönlichen Gespräch gelernt haben, sehen wir uns jetzt konkret die Möglichkeiten, die die sozialen Medien bieten, an. Wir sprechen im Folgenden über Facebook. Übertragen Sie dies bitte auf weitere Social Media, wie z. B. Instagram & Co.

Nehmen wir an, Sie wollen Ihre Fürsprecher via Entertainment bei Laune halten. Sie würden gerne Facebook nutzen, haben aber grad keine zündende Idee für interessante Beiträge. Dann haben wir hier was für Sie:

Ob Sie in einem kleinen oder einem großen Unternehmen arbeiten, Einzelhändler oder Handwerker sind, es gibt so viele interessante Ereignisse, über die es zu berichten lohnt. Hier kommen unsere Ideen für Sie:

10 ULTIMATIVE IDEEN FÜR FACEBOOK-POSTS, DIE IHRE FÜRSPRECHER GERNE TEILEN

1

Jubeldidu

Wenn Ihre Produktlinie Geburtstag hat oder Sie schon eine bestimmte Zeit an Ihrem neuen Firmenstandort sind oder Ihr Firmengründer Jahrestag hat, oder, oder, oder … Es gibt so viele Möglichkeiten, die bereits vergangene Zeit zu feiern. Menschen lieben solche zeitbezogenen Ereignisse. Immer ein willkommener Anlass, festzustellen, wie schnell die Zeit vergeht.

Sie haben grad kein Jubiläum in der eigenen Firma? Feiner Extra-Tipp: Jeden Tag hat irgendeine berühmte Persönlichkeit Geburtstag oder Jahrestag oder Gedenktag. Suchen Sie sich jemanden aus, der in Verbindung zu Ihrem Unternehmen steht. Ein IT-Dienstleister könnte an den Jahrestag erinnern, an dem der erste PC vorgestellt wurde; eine Buchhandlung verweist auf den Geburtstag eines berühmten Autors. Stöbern Sie mal im Internet und machen Sie sich eine Liste der für Sie relevanten Jahrestage. So können Sie Ihre Facebook-Aktivitäten gezielt planen. Wenn dieses Ereignis direkt eine Einladung zum Fest enthält, ist Teilen die logische Konsequenz. Denn Menschen feiern gerne miteinander.

Meilensteine

2

Gibt es eine neue Kooperation, über die Sie gerne berichten möchten? Eine neue Abteilung? Haben Sie eine Fortbildung erfolgreich gemeistert? Einen Preis erhalten? Solche Erfolge sind gute Aufhänger für Social Media.

Auch wenn neue Produkte in der Entwicklung sind oder Sie modernisiert haben, teilen Sie es Ihren Facebook-Fans mit. Die teilen es dann wiederum ihren Freunden und Bekannten mit. Denn wer etwas weiß, gibt gerne damit bei anderen an. Nutzen Sie diese menschliche Eigenschaft.

3

Was ist denn da los

Suchen Sie sich ein Ereignis heraus, das aktuell viele Menschen interessiert. Das kann zum Beispiel die Fußball-WM sein. Oder das Reunion-Konzert einer bekannten Band. Die Hochzeit eines royalen Paares oder anderer Prominenter. Bestes Beispiel in den Medien war die damalige Papstwahl: Die Bildzeitung hat das Ereignis durch die Headline „Wir sind Papst!" vollkommen zu ihrem eigenen Ereignis gemacht.

Bieten Sie zum entsprechenden Ereignis eine eigene Aktion an. Kreieren Sie passende Produkte oder Dienstleistungen, die es nur in dieser Zeit gibt. Dann bewerben Sie dies online und offline. Die Menschen werden es teilen, wenn es unterhaltsam oder überraschend gemacht ist. Seien Sie deshalb im täglichen Umgang mit den Medien aufmerksam für Trends.

4

Online-Tipp: www.Kuriose-Feiertage.de

Hier finden Sie genau das, was der Name verspricht: unterhaltsame und lustige Feiertage. So zum Beispiel der Tag des Butterbrots, super Social-Media-Aufhänger für Bäcker. Was passt zu Ihrem Unternehmen? Auf dieser Website finden Sie viele, viele Anregungen.

5

Keep smiling

Verlinken Sie Berichte, die Positives über Sie weitertragen, und bedanken Sie sich via Facebook-Post dafür. Eine schöne Möglichkeit, dem Schreiber Respekt zu zollen, Freundlichkeit zu beweisen und gleichzeitig positive Nachrichten über Sie zu verbreiten. Denn es ist eine Form der Anerkennung, die Sie dem Schreiber des Posts entgegenbringen. Ein Hauptmotivationsgrund für menschliches Handeln.

6

Termine, Termine

Das kann zum Beispiel eine wichtige Gesetzesänderung sein, die an einem ganz bestimmten Tag in Kraft tritt. Jüngstes Beispiel ist da die DSGVO, eine Verordnung, die den Datenschutz entscheidend verändert und viele Unternehmen betrifft. Oder es findet ein Kommunalfest statt, bei dem Sie eingebunden sind. Auch hier gilt es: Seien Sie so kreativ, dass Ihre bestehende Kunden es teilen wollen.

7

Eine Saison ist immer

Es gibt so viele Festivitäten, die einen Post lohnen. Sei es Ostern, Weihnachten oder Halloween. Nicht erst seit dem Valentinstag wissen wir, wie viel Marketingpotenzial in diesen Feiertagen liegt. Hier können Sie sich austoben. Ob Sie zu Ostern Ihr Haustier als Osterhase verkleiden oder sich selbst als Weihnachtsmann: Das alles ist an Feiertagen erlaubt. Aber bitte geschmackvoll oder humorvoll mit Stil. Dosieren Sie behutsam oder geben Sie je nach Klientel Vollgas.

8

Mit einem Post ins Wochenende

Facebook-Posts werden sehr zeitnah angeschaut und geteilt, daher lohnt es sich, z. B. an einem Freitag via Facebook die besten Wünsche fürs Wochenende zu posten. Wie bereits oben erwähnt mit einem kreativen Gimmick, welches gerne geteilt wird.

9

Und jetzt: das Wetter

Wann wird's mal wieder richtig Sommer…? Über das Wetter reden wir alle gerne. Es gibt so viele Möglichkeiten der Verknüpfung mit Unternehmensangeboten. Eine Urlaubskrankenversicherung, Steak-Angebote für die Barbecue-Party, die neue Sommerkollektion etc. Sie sehen, es ist ganz einfach.

10

Jetzt wird's persönlich

Machen Sie selbst die Barbecue-Party und stellen Sie sympathische Fotos davon ins Netz. Spendieren Sie ein Eis und teilen Sie Ihre Freude über die köstliche Erfrischung. So sammeln Sie Likes bei Mitarbeitern und Facebook-Freunden.

Jetzt nichts wie ran an die Tastatur und tippen Sie einen fröhlichen Facebook-Post, viel Spaß dabei!

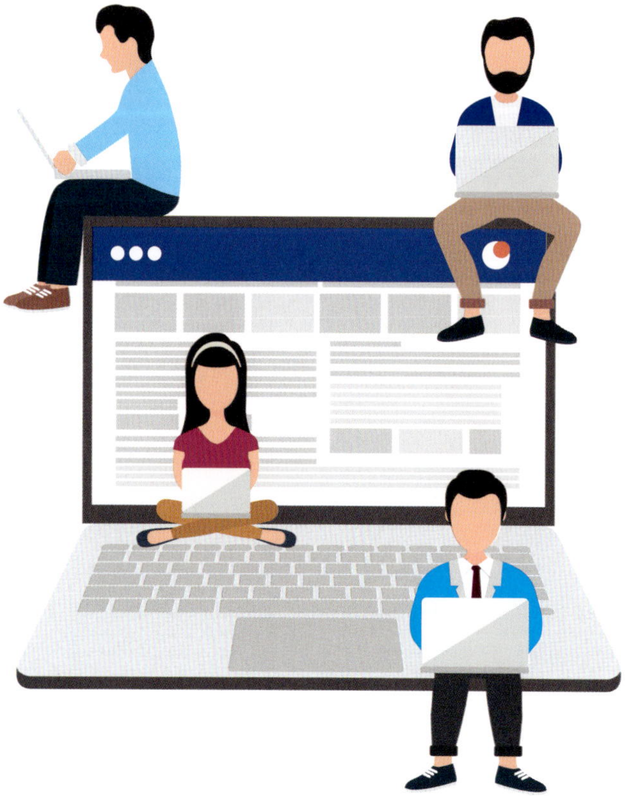

5. DIE FÜRSPRECHERPHASE

5.2 Advocat

5.2

ADVOKAT ODER ADVOCAT?

In der Fürsprecherphase werden Ihre Kunden – wie der Name schon sagt – zu Fürsprechern. Ein anderes Wort hierfür ist Advocat. Wir schreiben den Advocat ganz bewusst mit „c" und nicht mit „k", weil ein Advokat (mit „k") im Allgemeinen als ein anderes Wort für Anwalt verstanden wird. Ganz so dramatisch ist es im Lead-Loop® aber nicht. Daher wird es bei uns auch entspannter mit „c" geschrieben. Beide, Advocat und Advokat, haben etwas gemeinsam: Sie stehen an Ihrer Seite. Oder noch besser: Sie treten für Sie ein.

DAS HOHE C

Ein Advocat im Lead-Loop® Sprachgebrauch ist ein hochzufriedener Kunde. Das hat neben dem anderen Schriftbild noch weitere Besonderheiten. Dieser Kunde ist nämlich so begeistert, dass er immer wieder bei Ihnen kauft, und zwar ohne lange Umschweife. Wie das genau funktioniert, erfahren Sie in diesem Kapitel.

LEAD-LOOP® RÜCKBLICK

Wir sind jetzt schon in der letzten Phase des Lead-Loop®. Richtig viel Input und Inspiration liegen hinter uns. Nochmal kurz zur Auffrischung: Im Lead-Loop® gehen wir von 5 Phasen im Kaufprozess eines Kunden aus. Die Triggerphase, die Recherchephase, die Kaufphase, die Erfahrungsphase und die Fürsprecherphase. Das Tolle ist jetzt: Der Advocat braucht nur noch die Kaufphase zu durchlaufen. Trigger-, Recherche- und Erfahrungsphase fallen allesamt weg. Er verkürzt also den Kaufweg und somit Ihren Aufwand, um bei Ihnen zu landen bzw. zu kaufen. Das werden Sie in diesem Kapitel deutlich sehen.

Es gibt wohl kein geeigneteres Kapitel als dieses, um den Aufbau des Lead-Loop® noch einmal vor Augen zu führen. Wir sehen uns erst den normalen Kunden und im Vergleich dazu den Advocat an.

DIE TRIGGERPHASE

Alles fängt damit an, dass der potenzielle, normale Kunde angetriggert wird. Das bedeutet, ihm begegnet etwas in seinem Leben, das ihn auf Ihre Spur führt. Das kann ein Ereignis sein, z. B. ein Unfall oder ein Urlaub, wie es häufig bei Versicherungen der Fall ist. Oder er begegnet dem Produkt online oder offline. Dies können z. B. die berühmten roten Turnschuhe eines Passanten in der Fußgängerzone sein, die einem Neukunden auffallen.

Eine weitere Antriggermöglichkeit ist eine Kampagne. Diese können sich an Neukunden und Bestandskunden richten. Hier schauen wir einmal hinüber zum Advocat. Dieser gehört natürlich zu den Bestandskunden, und zwar zu den besonders zuverlässigen. Er braucht keinen großartig gestalteten Trigger mehr – er kommt freiwillig zu Ihnen.

Eine Erzählung, sei es durch Sie oder durch Influencer, kann den Kunden ebenfalls auf Ihre Spur locken. Machen Sie sich den Umstand zunutze, dass unser Gehirn Geschichten liebt und sich diese um einiges besser merken kann als dröge Fakten. Emotionen sind hierfür der Grund. Erzählen Sie Ihre Geschichte oder die Ihres Unternehmens. Das werden sich potenzielle Kunden gerne merken. Der Advocat hingegen kennt diese Geschichte bereits und erzählt sie selbst gerne anderen Bekannten und Freunden. Auf diese Weise kann der Advocat auch Ihr Influencer sein. Er beeinflusst andere Leute positiv darin, auf Sie oder Ihr Produkt anzuspringen.

Mit dem Influencer ist der Weg zum Online-Marketing nicht weit. Hier können ebenfalls hervorragende Triggerpunkte gesetzt werden. Es gibt die Möglichkeit, via Social Media, YouTube oder Landing Pages das Interesse des normalen Kunden zu wecken. Google Adwords sowie gezieltes Content-Marketing sind hier ebenfalls hilfreich. Stichwort Dr. Oetker, die Content-Marketing benutzten, bevor es diesen Begriff überhaupt gab.

Den Advocat erreichen Sie natürlich ebenfalls über Social Media oder weitere Kampagnen, weil er selbst online ist. Doch wieder einmal muss er nicht überzeugt werden. Er ist es nämlich schon. Praktisch, nicht wahr?

Was im Internet die Influencer sind, sind in der klassischen Werbung die Testimonials. Sie treten für Ihr Produkt ein, stellen es ihrer Fangemeinde vor und ziehen neue Kunden an. Die klassische Werbung hat noch viele weitere Formen. So kann sie dem Kunden im Radio, TV oder Kino, im Printbereich oder bei Events und in Form von Mailings begegnen. Das Sponsoring ist auf dem Spielfeld der klassischen Werbung eine weitere Möglichkeit, Ihre Marke bekannt zu machen.

Für alle Marketing-Aktivitäten gilt jedoch: Der Aufwand, einen Advocat anzutriggern, ist schwindend gering. Er dreht den Spieß sogar meistens um, indem er selber quasi zum Werbeträger wird.

DIE RECHERCHEPHASE

Der angetriggerte Kunde landet dann in der Recherchephase. Das heißt, er schlaut sich auf und entdeckt die Vielzahl der Möglichkeiten, die der Markt ihm bietet. Diese Phase hat in letzter Zeit immer mehr an Bedeutung gewonnen. Denn Internet macht es möglich.

Aber erinnern Sie sich noch an die Gefahr, die in der Recherchephase lauert? Das Angebot an Informationen ist so groß, dass der Kunde sich darin verliert, sich sogar umorientiert. Häufig kommt es vor, dass der Kunde abspringt und einen anderen Anbieter findet. Tatsächlich werden in der Recherchephase die meisten Kunden verloren. Die meisten normalen, potenziellen Kunden.

Beim Advocat jedoch ist das anders! Das kann Ihnen beim Advocat nicht passieren! Warum? Der recherchiert nicht mehr lange. Der weiß ja schon, wo er hin möchte. Das ist ein Grund, warum dieser Kundentyp so wertvoll ist. Er verirrt sich nicht mehr. Er weiß 100 %, wo er landen will: bei Ihnen.

Der Advocat braucht keinen langen Kompetenzcheck mehr. Der Weisheit der Vielen begegnet er mit seiner eigenen Meinung und überzeugt damit andere von Ihrem Produkt. Besonders wenn Sie ihn dazu ermuntern. Ihre angebotenen Tools nutzt der Advocat bereits gerne und häufig. Wenn es z. B. um Reziprozität geht, also das gegenseitige Geben und Nehmen, ist dieser Typ eine sichere Bank.

In der Recherchephase geht es also vor allem darum, dass der potenzielle Kunde bei Ihnen andockt. Dazu hinterlässt er z. B. möglichst seine E-Mail-Adresse oder tritt direkt mit Ihnen in Kontakt. Die E-Mail-Adresse des Advocaten hingegen haben Sie längst und der Kontakt ist bereits gegeben. Phase 2 können Sie sich bei diesem Typ größtenteils einsparen, was den Kaufprozess mit einem Advocat so zeit- und kosteneffizient macht.

DIE KAUFPHASE

Diese Phase ist der Höhepunkt des Kaufprozesses und nicht zufällig die Mitte des Lead-Loop®. Der Kompetenzcheck ist beim normalen Kunden eine Hürde, die erstmal genommen werden muss. Beim Advocat hingegen ist diese Hürde so gut wie nicht vorhanden. Er ist bereits Zeuge Ihres Könnens geworden. Auch psychologisch passt es einfach. Es matcht, um mit den Worten des Match-Codes zu sprechen. Die Bedarfsermittlung fällt beim normalen Kunden auch länger aus als beim Advocat, ebenso wie die eigentliche Beratung.

Eine Begehrlichkeit ist im Advocat eh von Anfang an geweckt. Der Abschluss ist keine schwierige Sache mehr. Im Gegenteil, der Advocat ordert sogar gerne von sich aus etwas mehr als andere. Auch hier hebt er sich also positiv ab.

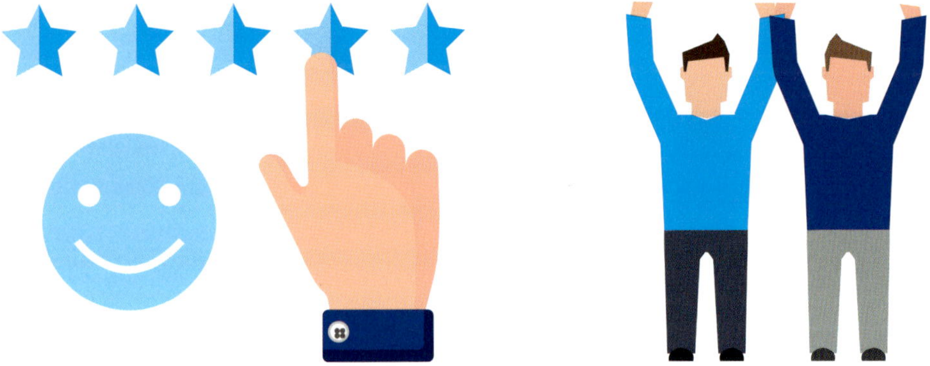

DIE ERFAHRUNGSPHASE

Hier kommt es auf professionelle Abwicklung und fehlerfreie Durchführung an. Der Advocat hat im Gegensatz zum normalen Kunden nur sehr wenige Nachfragen. Seine Erwartungshaltung wird durchgehend erfüllt. Gerne gibt und erhält er positive Rückmeldungen.

Der Advocat ist auch in Phase 4 wirklich ein Glücksfall. Es sind weder eine intensive Betreuung noch erneute Bestätigungen nötig. Der Advocat ist schon überzeugt, denn er hat seine positiven Erfahrungen mit Ihnen bereits gemacht. Diese haben ihn dahin gebracht, wo er heute ist. Ein großer Vorteil für beide Seiten, für ihn und Sie. Natürlich sollen Sie diese Beziehung pflegen. Das steht außer Frage. Sie benötigen nur viel weniger Energie dafür. Denn oftmals kommt er Ihnen proaktiv und freudig entgegen.

Auch die Erfahrungsphase wird also für den Advocat verkürzt. Eine weitere Zeitersparnis, die sich direkt im Umsatz positiv bemerkbar macht.

DIE FÜRSPRECHERPHASE

Hier gehört der Advocat hin, hier ist er zuhause. Und deswegen widmen wir ihm auch dieses Kapitel. Achten Sie darauf, dass Sie Ihre Advocaten wirklich kennen und verstehen. Behandeln Sie ihn gebührend.

Wenn Sie sich den Lead-Loop® vorstellen, verkürzen Advocaten ihre Kundenreise sozusagen symmetrisch. Sowohl vor als auch nach dem Kaufprozess (also in der Recherchephase und der Erfahrungsphase) marschiert dieser ganz spezielle Kunde einfach durch. In allen anderen Phasen ist er ebenfalls eine sichere Bank.

Sie kennen alle dieses typische Verhalten eines Advocaten. Möglicherweise sind Sie auch selbst ein Advocat, ohne sich dessen bewusst zu sein. Hier zwei Beispiele, die jeder kennt:

DER VERFÜHRE-RISCHE APFEL

Apple hat einige dieser sogenannten Advocaten in seinem Gefolge. Apple-Jünger, wie sie schon mit religiösem Unterton genannt werden, kaufen blindlings das nächste iPhone, das rauskommt. Recherchieren tun sie zwar vielleicht, jedoch nicht kritisch, sondern nur, um sich auf die neuen Features noch besser freuen zu können.

DIE MUSIKALISCHE ENDLOSSCHLEIFE

In der Musiklandschaft können Sie ein solches Verhalten ebenfalls feststellen. Fans einer Band oder eines Interpreten sind so überzeugt vom Können ihres Idols, dass sie auf jeden Fall die nächste Platte kaufen. Um sie zu besitzen, um Zugehörigkeit zu beweisen, um ein Zeichen zu setzen. Selbst wenn die Platte objektiv nicht der Hit ist, werden Fans sie trotzdem kaufen und feiern.

7 TIPPS, WIE SIE IHREN ADVOCATEN ERKENNEN

Woran erkennen Sie überhaupt einen Advocaten? Nun, das ist eigentlich relativ einfach:

1. **Zum einen kennt dieser Kunde Sie unwahrscheinlich gut.**
2. **Sie sind sowohl fachlich als auch menschlich auf einer Wellenlänge.**
3. **Sie haben eine Verbindung.**
4. **Dieser Kunde ordert gerne auch mal etwas mehr als andere.**
5. **Er geht gerne proaktiv auf Sie zu und schätzt Ihren Rat.**
6. **Eventuelle Konflikte regelt er sachlich mit Ihnen.**
7. **Er ist Ihnen im besten Sinne des Wortes zugewandt.**

Wie am Anfang des Kapitels versprochen, wissen Sie jetzt, warum es so wertvoll ist, Advocaten in Ihrem Kundenkreis zu wissen. Doch eine Frage drängt sich auf: Wie gewinnen Sie diese Personen und wie halten Sie diese bei guter Laune? Das sehen wir uns im folgenden Kapitel näher an.

5. DIE FÜRSPRECHERPHASE

5.3 Bindung und Loyalität

5.3

BINDUNG UND LOYALITÄT

Im vorherigen Kapitel haben wir uns den Kundentyp des Advocaten näher angeschaut. Heute erfahren Sie, was Sie diesem bieten können, um eine tiefe Bindung aufzubauen. Wie Sie überhaupt treue und loyale Kunden aufbauen.

WAS BEDEUTET LOYALITÄT?

Was ist Loyalität überhaupt? Loyal zu sein, bedeutet, dass man eine innere Verbundenheit empfindet und einer Person, einem Produkt oder einem Unternehmen treu ist. Ihr Wunsch-Kunde ist loyal. Das heißt, er geht nicht sofort zur Konkurrenz, nur weil diese möglicherweise mit Preisnachlässen lockt.

Das funktioniert dann, wenn Ihre Kunden sich mit Ihnen und Ihrem Unternehmen identifizieren. Das hat immens mit Ihrer Marke, Ihrem Auftreten, Ihrem Storytelling und vielen Punkten zu tun. Dinge, die wir alle bereits in den vorherigen Kapiteln besprochen haben. Es geht vor allem darum, dass Sie sich um Ihren Kunden ehrlich kümmern.

Die gute Nachricht gleich vorweg: Auch wenn Sie mal großen Mist bauen, stehen die Chancen gut, dass Ihnen verziehen wird. Wenn Sie sich aufrichtig entschuldigen, Ihren Fehler einsehen und glaubhaft versichern, dass Ihnen das nicht mehr passieren wird, sind viele Leute bereit, zu verzeihen. Wenn Sie jedoch den Kopf in den Sand stecken, können Sie kein Verständnis erwarten. Die Vogel-Strauß-Taktik hilft Ihnen nicht.

VON A WIE AMAZON BIS H WIE HEAVY METAL

In diesem Kapitel geht es um Kundenbindungsprogramme. Und da hat jedes Unternehmen sein eigenes Rezept. Einige sehr erfolgreiche Rezepte stellen wir Ihnen im Folgenden vor. Picken Sie sich das heraus, was zu Ihrer Unternehmensphilosophie passt, und verwenden Sie es für Ihre eigene Erfolgsküche. Das wird Ihren Kunden ganz sicher schmecken. Nehmen Sie gerne einzelne Zutaten heraus und kreieren Sie Ihr eigenes Sternemenü.

Die Begeisterung im Kunden zu wecken ist das A und O für das Gelingen einer langfristigen Kundenbindung. Wie das geht und was Sie einsetzen können, erfahren Sie jetzt.

HIER GEHT'S UM EMPFEHLUNGSMARKETING!

A WIE AMAZON

Amazon Prime nennt sich das Kundenbindungsprogramm von Amazon. Und es bietet seinen Premium-Kunden einen echten Mehrwert. Für Amazon-Prime-Produkte werden keine Versandkosten berechnet. Lieferungen erfolgen nach der Bestellung umgehend am nächsten Werktag. Manchmal sogar schon, je nach Uhrzeit, am Tag des Auftragseingangs. Auch die Amazon-Prime-Videos werden immer beliebter und sorgen stets für Weiterempfehlungen. Dadurch entstehen kontinuierlich weitere Fans.

Aber das ist noch nicht alles, was Amazon für die Kundenbindung in die Waagschale wirft. Neue Exklusiv-Kooperationen werden eingegangen. So ist es z. B. nur Amazon-Prime-Kunden möglich, an die begehrte Babymodenkollektion „Simple Joys" des beliebten Anbieters Carter's zu gelangen.

Nebenbei bemerkt: Eine solche Exklusiv-Kooperation bietet beiden Kooperationspartnern enorme Vorteile. Nehmen wir an, es handelt sich um eine Luxus-Modemarke, die normalerweise eher unerschwingliche Preise aufruft. Mit einer anderen Linie kann auch ein anderes Preissegment bedient werden. Damit werden ganz neue Kundenkreise und Märkte eröffnet. Gerade in der YouTuber-Zeit sind diese Kollaborationen sehr gefragt. Sonst teure Haute Couture wird so zum stylischen Mode-Trendsetter.

Die andere Seite, in diesem Fall der Online-Händler, hat natürlich auch seine Vorteile durch diese Zusammenarbeit. Er kann seine Kunden mit Exklusivität locken, mit Vorzügen, die sie woanders nicht finden. Der Kunde fühlt sich so aufgewertet und steht gerne loyal zum Anbieter.

Jetzt kommt natürlich die Frage, auf die Sie sicher gewartet haben: Wie können Sie Ihren Kunden Exklusivität offerieren? Welche Kooperationen können Sie zum Wohle Ihrer Kunden und Ihres Unternehmens eingehen?

B WIE BUSINESS CLUB

Kundenclubs gibt es jede Menge. Darunter viele wirklich gute, von denen man sich einiges abgucken kann.

Ein solcher Fall ist der Business Club des Stromanbieters RWE. Das Ziel lautete hier von Anfang an: dem Kunden das zu bieten, was er braucht. Das Ergebnis einer Kundenumfrage war überraschend: Weiterbildung und Austausch unter Gleichgesonnenen wurden genannt. Der Stromanbieter nahm diese Wünsche entgegen und überlegte sich, wie man das im Rahmen eines Kundenprogramms umsetzen kann. Herausgekommen ist der oben genannte Business Club, in dem Mittelständler Seminare sowie Konferenzen besuchen können.

Hier finden die Mitglieder auf sie zugeschnittene Foren und Informationen. Zudem können sie untereinander Kontakte knüpfen und auf speziell angebotenen Veranstaltungen „netzwerken". Ein Konzept, das prima ankommt, weil es echten Mehrwert bietet. Und darauf kommt es an.

Welchen Club wünschen sich Ihre Kunden?

C WIE COOLES UPGRADE

RWE und Amazon sind Beispiele für große Organisationen und deren Taktiken. Kundenclubs funktionieren jedoch auch im Kleinen. Praktisch jedes Unternehmen hat die Möglichkeit, seine Kunden durch Mehrwert und Service zu begeistern.

Durch ein cooles Upgrade haben die Kunden eines Fitnessstudios die Möglichkeit, in den VIP-Club einzutreten. Dadurch haben sie Zugang zu besseren Trainingsgeräten und können erweiterte Trainingszeiten nutzen. Und das ist noch nicht alles. Einmal im Jahr organisiert dieses Fitnessstudio exklusiv für alle VIPs eine gemeinsame Tour in ein europäisches Land. Stellen Sie sich vor, wie begeistert die VIP-Mitglieder vom letzten Mallorca-Trip erzählen. Das stärkt das Zugehörigkeitsgefühl zu diesem Fitnessstudio und senkt die Wechselbereitschaft der Kunden.

D WIE DIGITAL

Immer mehr Unternehmen bieten ein herausragendes digitales Kundenerlebnis an, das großen Erfolg verspricht. So zum Beispiel Starbucks. Starbucks ist ein Kaffee-Anbieter, der es geschafft hat, aus einem langweiligen Kaffee ein Lifestyle-Erlebnis zu machen. Die Mobile-App von Starbucks steht ebenfalls hoch im Kurs. Was bietet diese App? Kunden können über die App eine Bestellung tätigen, die dann sofort abgeholt werden kann. App-Kunden marschieren grinsend direkt an der oftmals langen Warteschlange vorbei.

E WIE EXKLUSIV

Vielleicht denken Sie jetzt: Wie kann ich denn überhaupt VIP-Kunden generieren? Sie haben entweder die Möglichkeit, diese Zuordnung Ihren Kunden selbst zu überlassen. Wer möchte, ist dabei. Oder Sie gestalten Ihren Club tatsächlich exklusiv, also andere ausschließend. Zum Beispiel qualifiziert sich jemand ab einem bestimmten Auftragsvolumen als VIP.

Letztere Möglichkeit hat Hermès gewählt. Hermès, der Hersteller von Luxus-Taschen, die gerne mal den Wert eines Kleinwagens haben. Bei Hermès geht eigentlich jede Bestellung nur mit ellenlanger Warteliste. Warum? Um die Taschen nur einem exklusiven Kreis zu gewähren. Das Prinzip der Verknappung ist die treibende Kraft. Aber jetzt kommt's: Als VIP-Kunde, das ist z. B. jemand, der mehr als sechs Taschen in einem Jahr kauft, muss man sich nicht in der Warteschlange eintragen. Eine Unterteilung in VIP und Nicht-VIP geht also immer.

Seinen Premium-Kunden den Zugang zu einem VIP Bereich zu öffnen, gehört zu den Taktiken, die auch Porsche anwendet, um Kundenbegeisterung zu erzeugen. So lädt Porsche seine besten Kunden auf ausgesuchte Events am Nürburgring in die VIP Lounge ein.

Womit können Sie Ihre Kunden locken? Welche Welt können Sie Ihren Kunden öffnen?

F WIE FRESSNAPF WELPENCLUB

Fressnapf, der Futterladen, goes Tieraufzuchtberatung. Kunden, die einen Welpen haben, können diesen im Welpenclub anmelden und erhalten dann kostenlose Tipps von Experten zur Welpenaufzucht. Die Kunden nehmen das zusätzliche Informationsangebot, das ihnen der Club bietet, sehr gerne an. So vergrößert sich die Fressnapf-Fangemeinde täglich.

Außerdem sind mittlerweile Pilotprojekte gestartet, bei denen der Tierbedarfsdiscounter in seinen Geschäften während des Einkaufs einen Pflegeservice für Vierbeiner anbietet. Zusätzlich wird über Tierarztsprechstunden in den Läden und ein Gassi-geh-Service nachgedacht.

Interessant ist, dass hier nicht Fressnapf selber als Experte auftritt, sondern seinen Kunden Experten zur Verfügung stellt. Für alle Fragen, die ein Welpe als neues Familienmitglied aufwirft, gibt es also den Welpenclub. Wau, gute Idee!

G WIE GROSSSTADTJÄGER

Im Folgenden geht es um ein Phänomen zur Kundenbindung, das vor keinem Alter Halt macht: Die Punktejagd ist in unzähligen Läden eröffnet. Die Konzepte reichen von Payback-Systemen bis zu Sammelkarten-Konzepten.

Pünktlich zum Start der Fußball-WM 2018 verteilte z. B. REWE pro 10,- Euro Einkaufswert eine Sammelkarte eines Nationalspielers. Plötzlich lohnte es sich für die Kunden besonders, das Geschäft REWE aufzusuchen und sogar zu bevorzugen. Und wenn noch ein paar Cent fehlen, greifen Kunden gerne doch noch schnell zur Chips-Tüte & Co.

Genial umgesetzt in dem Slogan: „Bist du ein Fan, sind wir dein Markt!"

Die Miles-and-More-Programme gehören ebenso zur Punktesammel-Methode. Hier sammelt man als angemeldeter Kunde der Fluggesellschaft mit jedem Flug Bonusmeilen, die man später erneut für Flugreisen einsetzen kann. Ähnlich verfahren auch einige Hotelketten, die ihren angemeldeten Gästen Punkte pro Übernachtung auf ein virtuelles Konto einzahlen. Ab einer bestimmten Punkteanzahl bekommen diese dann eine Gratisübernachtung.

Was Fluggesellschaften und Hotels im Großen praktizieren, findet man auch im Kleinen, z. B. bei Bäckereien, vor. Kunden erhalten eine Sammelkarte und pro gekauftem Brot einen Stempel darauf. Wenn die Karte voll ist, winkt ein Gratisbrot. Auch solche Maßnahmen sorgen für Kundentreue und -bindung.

Was können Ihre Kunden sammeln? Wie können Sie den Jagdinstinkt in Ihren Kunden wecken? Hier wird Kundenbindung durch „Habenwollen" erreicht, weniger durch Exklusivität oder Club-Bildung wie in den vorherigen Fällen.

H WIE HEAVY METAL

Wem das alles zu tierisch oder zu gediegen war, dem sei gesagt, dass das Kundenclub-System in allen Branchen funktioniert. Sogar in der Heavy-Metal-Szene. Einer der erfolgreichsten Merchandise-Kataloge im Heavy-Metal-Bereich lockt seine Anhänger sehr gerne mit exklusiven und streng limitierten Kollektionen. Diese entstehen meistens in Zusammenarbeit mit den beliebten und erfolgreichsten Bands.

Damit nicht genug. Wer in den Kundenclub mit dem schönen Namen „Backstage Club" eintritt, erhält auf ausgewählten Festivals Zugang zum VIP-Bereich. Hier erwarten die Club-Mitglieder zahlreiche Vergünstigungen, die auf einem Musik-Festival quasi schon Luxus darstellen: Duschen und Gratis-Getränke gehören z. B. zu dieser Kategorie. Sie sehen, manchmal reichen schon kleine Bonusprogramme, um Kunden glücklich zu machen.

KEINE ANGST VORM MEGA-SKANDAL

Abschließend möchten wir Ihnen in diesem Kapitel noch einmal vor Augen führen, wie wertvoll es ist, dass Ihre Kunden eine echte Bindung und Loyalität zu Ihnen aufbauen.

„Jeder Tag hat das Potenzial, dein Leben komplett zu verändern."

Dieser Spruch funktioniert, wie so viele wahre und weise Sprüche, in beide Richtungen. Es kann etwas Wunderbares passieren, was einem den Glauben an die Menschheit zurückbringt. Es kann jedoch ebenso gut sein, dass das Schicksal zuschlägt und etwas Schlimmes passiert.

Achtung! Wichtig ist, wie wir damit umgehen.

Manchmal kommt etwas in den Nachrichten, das die Sichtweise auf eine ganze Branche verändert. Der Diesel-Skandal ist so ein Fall. Der Diesel-Skandal hat gezeigt, dass Deutschlands Autoindustrie und ihre Abgase nicht so sauber sind, wie immer behauptet wurde. Es gibt viele Kunden, die vom Diesel-Zug abgesprungen sind. Gleichzeitig gibt es jedoch auch die, die nichtsdestotrotz die Fahne hochhalten. Weil ihre Erfahrungen mit dem Unternehmen bis zu diesem Zeitpunkt ausschließlich positiver Natur waren. Diese Kunden verzeihen den Fauxpas. Sie verteidigen die Marke weiterhin in Gesprächen mit Freunden. Solche Fans und Fürsprecher braucht auch Ihr Unternehmen.

Es ist wie in einer Ehe. In guten wie in schlechten Zeiten. So sollte Ihr Kunde zu Ihnen stehen.

Wir wünschen Ihnen in diesem Sinne ganz viele treue Kunden. Und viele gute Ideen, wie Sie diese halten und immer wieder neu begeistern können.

5. DIE FÜRSPRECHERPHASE

5.4 First Mover

5.4

FIRST MOVER

Endspurt! Die Zielgerade liegt genau vor Ihnen. Sie lernen in diesem Kapitel, dem vorletzten des Lead-Loop®, einen äußerst hilfreichen Kundentypen kennen. Den First Mover. Doch was verbirgt sich hinter diesem englischsprachigen Begriff? Ein First Mover ist der Erste, der sich bewegt. Er bewegt etwas, er bringt etwas ins Rollen. Und zwar Ihr Geschäft!

„WAS, DAS HAT NOCH KEINER? DAS MUSS ICH HABEN!"

Das ist einer der Sätze, die charakteristisch für den First Mover sind. Er möchte immer der Erste sein. Mit Vorzugsbehandlung machen Sie ihn glücklich. Wenn Sie also ein neues Produkt oder eine neue Dienstleistung an den Mann bringen wollen, sprechen Sie ihn ruhig gezielt an. Er kauft Neuerungen gerne als Schnellster. Weil Beispiele mehr sagen als 1000 Worte, im Folgenden einige First-Mover-Strategien unterschiedlicher Unternehmen ...

„QUADRATISCH. PRAKTISCH. GUT.“ WAR GESTERN. HEUTE GILT: „LIMITIERT. FANTASIEVOLL. PRIMA.“

Ritter Sport gelingt es regelmäßig mit ganz neuen, streng limitierten Sorten sogar in den öffentlichen Medien präsent zu sein. Wie bekommt die Marke diese Aufmerksamkeit? Die Brand-Managerin verriet in einem Gespräch, dass sie sich mit ihren Limited Editions eher auf Nischenthemen konzentrieren, die in erster Linie dazu da sind, im Gespräch zu sein. Eine Taktik, die Ritter Sport auch sehr gut gelingt. Unvergessen ist die Einhorn-Schokolade, die im Rekordtempo ausverkauft war.

PSSST, NICHT VERRATEN

Dazu gehört bei Ritter Sport Verschwiegenheit in der Phase, bevor das Produkt öffentlich präsentiert wird. Zudem ist die limitierte Schokolade nur exklusiv über deren Vertriebskanäle, z. B. deren Website, verfügbar. Im Einzelhandel sucht man diese Schokolade (leider) vergebens. Das Prinzip der Verknappung schlägt hier wieder einmal in einer modifizierten Form zu.

Ein weiteres Erfolgsrezept ist, dass Ritter Sport eine Marke ist, die sich den Fans widmet und zuhört, was diese zu sagen haben. So bietet Ritter Sport auf dem unternehmenseigenen Blog in Form der spielerischen „Sortenkreation“ eine hervorragende Plattform für kreative Fans.

Diese dürfen hier ihren eigenen Geschmack mitteilen. Da muss sich Ritter Sport nur umschauen und ein bisschen aufmerksam dafür sein, was gerade in der Gesellschaft angesagt ist, und schon ist die nächste Erfolgsschokolade geboren. Die Brand-Managerin hat das mit einem sehr anschaulichen Satz bestätigt: „Wir gießen die bestehenden Trends in Schokolade."

TIPP:
Bieten Sie Ihren Fans ebenfalls eine Plattform, um deren Kreativität für neue Geschäftsideen zu nutzen. Schon viele gute Ideen kamen von Fans für Fans und wurden dann ganz groß.

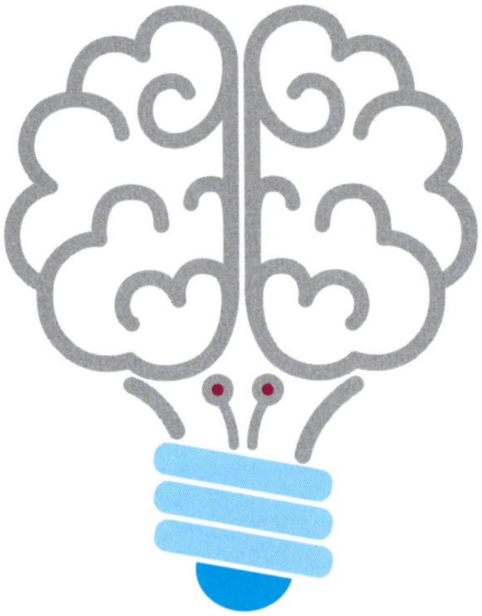

WAS SIE VON RITTER SPORT LERNEN KÖNNEN

Ein Blick in die Firmengeschichte ist wie ein Leitfaden mit dem Thema „So bleibe ich immer etwas Besonderes". Es fängt schon mit der Form an: Keine andere Tafelschokolade ist quadratisch. Warum wurde diese Form damals eigentlich gewählt? Clara Ritter, die Frau des Schokoladenfabrikanten, fand, dass es eine Schokolade geben sollte, die in die Sportjackettasche passt, ohne kaputtzugehen oder rauszustehen. Daher der Name Ritter Sport. Und daher der Slogan: „Quadratisch. Praktisch. Gut." Genial.

Jetzt kommt ein mutiger Schritt des Geschäftsführers: Er entscheidet sich nach einiger Zeit, den Rest des Firmensortimentes einzustampfen und sich komplett auf Ritter Sport zu konzentrieren. Gleich danach folgt eine weitere Revolution auf dem Schokoladenmarkt: Jede Sorte erhält eine andere Verpackungsfarbe. In Anspielung auf das damals gerade aufkommende Farbfernsehen ist die Botschaft: „Alles wird farbiger, fröhlicher, moderner, aktiver – auch die Schokolade, die dazugehört." Gemeinsam mit dem „Trick mit Knick" bis heute ein markenprägender Bestandteil.

IST RITTER SPORT SELBST EIN FIRST MOVER?

Ritter Sport ist jedoch nicht nur für First Mover interessant, die immer das Besondere oder Exklusive haben wollen – Ritter Sport ist selbst ein First Mover!

Mitdenken für die Umwelt

Passend zum damals aufkommenden Umweltbewusstsein erstellt Ritter Sport bereits 1991 die erste Ökobilanz für Verkaufsverpackungen und stellt auf recyclingfähiges Verpackungsmaterial um. Schon 2008 springt Ritter Sport auf den Biozug auf und ist damit einer der ersten Passagiere.

Wann merkt Ritter Sport, dass Nahrungsmittelunverträglichkeiten das neue Top-Thema werden? Schon 2014. Da bringt es als erster Markenhersteller eine laktose- und glutenfreie Version seiner Schokolade auf den Markt. Seit 2016 gibt es auch eine vegane Variante. Seit 2018 kommt der gesamte Kakao aus nachhaltigem Anbau der eigenen zertifizierten Plantage. Dafür wurde die Marke sogar mit dem Deutschen Nachhaltigkeitspreis ausgezeichnet. Ausgezeichnet, Ritter Sport!

Wer hätte gedacht, dass das Schokoladenbusiness so spannend sein kann? Was lernen wir daraus? Zuhören, mutig sein, Besonderheiten aufbauen, Trends erkennen und nutzen. Und das am besten zum Wohle der Umwelt. Wie können Sie Ihren Beitrag zum Umweltschutz leisten? Wo haben Sie die Chancen, den einen Schritt voraus zu sein? Manchmal sind es Kleinigkeiten, die Sie groß machen.

ALLES MARKTFORSCHUNG, ODER WAS?

Die Molkerei Alois Müller ist ein weiteres innovatives Unternehmen, das ebenfalls mit limitierten Produktreihen arbeitet. Anders als Ritter Sport nutzt Müller Milch den Zeitraum, in dem ein bestimmtes neues Produkt zu haben ist. Und zwar als Test für das Interesse der Bevölkerung an der jeweiligen Sorte. Wenn eine neue Sorte von der Kundschaft besonders gut angenommen wird, ist die Chance groß, dass diese ins reguläre Sortiment übernommen wird. So stellt Müller Milch den Willen des Kunden fest und sorgt dafür, dass die nächste Sorten-Einführung ein Erfolg wird.

Mit der Einführung der „Ecke des Monats" bei dem populären Joghurt mit der Ecke hat sich Müller quasi eine Innovationsverpflichtung aufgelegt. Jeden Monat wird eine andere Ecke entworfen und hergestellt.

ZEIT ZU ÜBERLEGEN:
Welche „Ecke des Monats" können Sie Ihren Kunden kredenzen/anbieten?

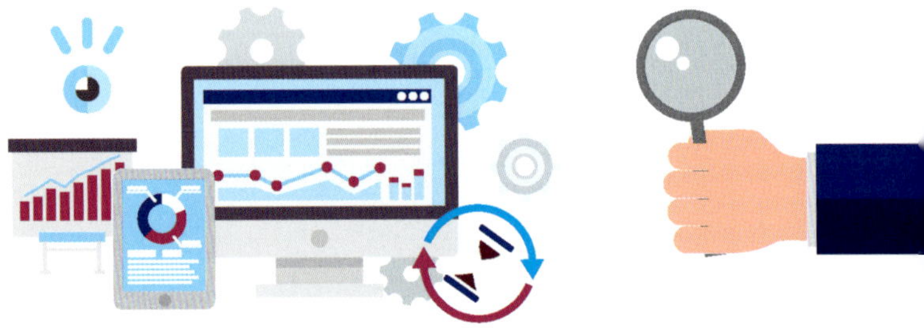

Von diesen beiden Beispielen aus der Lebensmittelbranche kommen wir jetzt in die <u>Domäne</u> harter Männer: starke Maschinen.

STARKE MÄNNER BRAUCHT DAS LAND

Hier wird richtig etwas bewegt. Vor allem starke Maschinen. An den sogenannten Power-Tagen lädt die Firma Würth ihre Kunden ein, neue Produkte auszuprobieren und mit anderen fachzusimpeln. Die Aktion richtet sich an Handwerker und deren Familien. Es gibt gutes Essen vom Caterer und auch an Kinderbetreuung ist gedacht. Im unternehmenseigenen YouTube Kanal sieht man, wie bereits die Kleinen beim Power-Tag eifrig mit Kinderwerkzeug hantieren und Schrauben reindrehen. Für Fan-Nachwuchs ist also auch gesorgt.

Diese exklusive Einladung spricht natürlich First Mover ganz besonders an. Hier ist die Gelegenheit, Innovationen kennenzulernen und zu testen. First-Mover-Herz, was willst du mehr?

FUN FACT:

An diesen Power-Tagen gab es als Zugabe für eine Bestellung von über 1500 Euro Auftragswert eine, na raten Sie mal ... eine Carrera-Rennbahn! Emotionales Marketing auf der Überholspur.

Sprechen Sie auch Ihre Kunden ganz gezielt an und veranstalten Sie Test-Tage für die ganze Familie, insofern es Ihnen möglich ist.

HIER GEHT'S UM EMPFEHLUNGSMARKETING!

I LIKE TO MOVE IT, MOVE IT ...

TIPP:

Solche Test-Tage als jährlichen, festen Termin einzuführen, hat sich sehr bewährt. So auch bei der Firma STIHL. Diese richtet die Tage nicht selbst aus, sondern hat mit ihren Vertriebspartnern vereinbart, dass diese an einem speziellen Tag im Frühjahr (wenn die Gartensaison langsam beginnt) die STIHL Gartengeräte vor Ort zur Verfügung stellen. Diese Aktionstage werden deutschlandweit mit teilnehmenden STIHL Händlern durchgeführt und begleitet durch Plakataktionen und andere Werbemaßnahmen.

Ein Start-up-Unternehmen, das in der Spielebranche tätig ist, fährt ebenfalls gut mit der First-Mover-Strategie. Dieses Unternehmen bindet eine Personengruppe ein, an die Sie vielleicht auch schon gedacht haben. Besonders wenn Sie sich an die hinter uns liegenden Lead-Loop®-Kapitel erinnern: die Influencer.

Was hat dieses Start-up gemacht? Sie haben in einer bestimmten Kategorie Influencer mit großer Reichweite (also solche, die viele Fans in den Social Media haben) gesucht und kontaktiert. Anschließend haben sie diesen einen exklusiven Einblick in eine Vorabversion eines neuen Online-Spiels gewährt. Obwohl die Influencer, die größtenteils Blogger waren, kein Geld dafür bekommen haben, fühlten sie sich durch die frühe Ansprache sehr geschmeichelt. Dadurch wurden sie zu begeisterten Anhängern dieses Produktes und konnten zahlreiche ihrer eigenen Fans für das Spiel begeistern.

TIPP:

Wenn Sie Influencer zu First Movern machen, schlagen Sie gleich zwei Fliegen mit einer Klappe: Der Influencer macht Werbung für Sie und wird oft selbst ebenfalls zum Kunden.

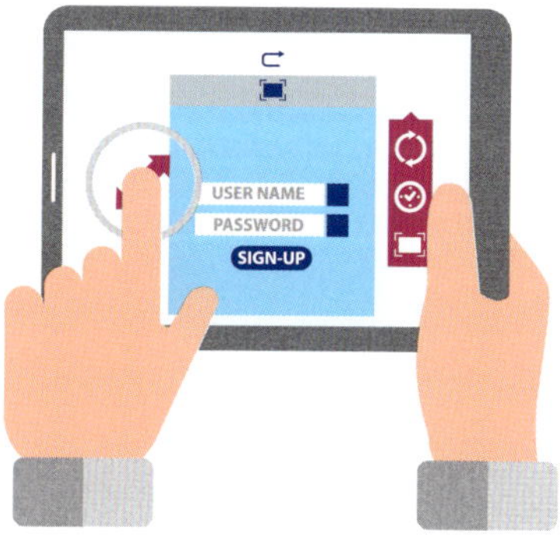

BETA-SOFTWARE-PROGRAMM BEI APPLE

In der Softwarebranche wird auf First Mover bzw. Early Adopter, wie sie da genannt werden, sehr gerne zurückgegriffen. Apple hat ebenfalls die Vorzüge der First-Mover-Taktik erkannt und bietet spezielle Beta-Versionen für Beta-Tester an. Beta bedeutet, dass es sich um eine Version handelt, die nicht mehr ganz die Rohversion (das wäre Alpha), aber noch keine offizielle Marktversion ist. Eine sogenannte Pre-Release-Version, also eine Vor-Veröffentlichung-Version.

Wie funktioniert das? Interessierte können sich als Teilnehmer am Apple-Beta-Software-Programm registrieren lassen. So testen sie die Version kostenlos und tragen anschließend mittels Feedback dazu bei, die Apple-Software zu verbessern. Apple, raffiniert wie immer, bittet dann die Tester von ihren Erfahrungen zu berichten.

Das Geniale ist: Die Apple-User sind heiß darauf, diese Versionen zu testen, die neuesten Features auszuprobieren, und das vor allen anderen. Klassische First Mover. Das Besondere bei Apple ist, dass diese registrierten Teilnehmer das Ganze völlig auf eigenes Risiko machen, ohne jegliche Gewährleistung von Apple. Denn es handelt sich ja noch nicht um die offizielle Version und da können natürlich noch die unterschiedlichsten Fehler drin sein. Den Ausschluss jeglicher Gewährleistung lässt sich Apple sogar von den Teilnehmern unterzeichnen. Und diese nehmen das gerne in Kauf. Können sie so doch die Ersten sein. Und Apple vielleicht sogar einen Dienst erweisen.

Den Originaltext, mit dem Apple für sein Programm wirbt, wollen wir Ihnen an dieser Stelle nicht vorenthalten:

„Mit deinem Feedback über Probleme bei Qualität und Benutzerfreundlichkeit unterstützt du uns dabei, Probleme zu erkennen und zu beheben und die Apple-Software noch besser zu machen. Bitte beachte, dass Public Beta-Software noch nicht von Apple für die Vermarktung freigegeben wurde. Sie kann daher noch Fehler oder Ungenauigkeiten enthalten und möglicherweise noch nicht so wie die offiziell veröffentlichte Software funktionieren. Bevor du Public Beta-Software installierst, solltest du daher unbedingt Backups deiner Daten erstellen."

Idealerweise kann Apple mit Hilfe des Feedbacks der freiwilligen Tester sein Produkt marktreif machen und gezielt weiterentwickeln. Damit sind wir auch schon bei den kommenden 4 Vorteilen …

HIER GEHT'S UM EMPFEHLUNGSMARKETING!

4 VORTEILE, DIE EIN FIRST-MOVER FÜR IHR UNTERNEHMEN HAT

1

Sie können den First Mover wunderbar als Testperson nutzen. Wenn sein Urteil positiv ausfällt, dann können Sie das Produkt ins reguläre Programm übernehmen, wie z. B. bei Müller Milch. Oder Sie lassen den First Mover auch etwas am Produkt feilen und fragen ihn konkret zur Benutzerfreundlichkeit und Qualität, wie z. B. bei Apple.

2

Sie nutzen den First Mover, der gleichzeitig ein Influencer ist, um so an neue Kunden zu kommen.

3

Sie nutzen den First Mover als Empfehlungsgeber und Multiplikator (mehr dazu im nächsten Kapitel).

4

Die Treue und Loyalität des First Movers zu Ihrem Unternehmen kann durch eine solche Maßnahme nur erhöht werden. Entweder er findet z. B. durch die Test-Tage ein neues Lieblingsprodukt oder er bleibt eben bei seinem alten mit dem gestärkten Glauben, dass dieses wirklich das beste ist. In jedem Fall bleibt er bei Ihnen. Denn Sie setzen ihm die Kundenkrone auf.

Von Lebensmitteln über Maschinen bis hin zu Software, in diesem Kapitel haben Sie einiges geboten bekommen. Wir wünschen Ihnen viele begeisterte First Mover, die Ihr Unternehmen ganz nach vorne bringen.

5. DIE FÜRSPRECHERPHASE

5.5 Erst- und Folgeempfehlungen

5.5

ERST- UND FOLGEEMPFEHLUNGEN

Finale, wohooo! Das letzte Kapitel des Lead-Loop® liegt vor Ihnen und hier geht es nochmal richtig zur Sache. Wenn Sie die Tipps in diesem Kapitel beherzigen, wird Ihr Geschäft sich auch hiermit weiterhin positiv wandeln!

Mit Erst- und Folgeempfehlungen kommen Sie gezielt an neue Kunden. Sie haben dabei die volle Kontrolle, weil Sie diesmal selbst der Trigger sind, der die Sache ins Rollen bringt. Erinnern Sie sich noch an die Empfehlungsvereinbarung in Kapitel 1.3 „Empfehlungen"? Genau hier knüpfen wir an. In der Triggerphase haben Sie mit Ihrem Kunden vereinbart, dass er Sie weiterempfiehlt, wenn er von Ihren Leistungen überzeugt ist.

Da dieser Moment enorm wichtig und erfolgversprechend ist, möchten wir Ihnen noch einmal kurz ins Gedächtnis rufen, was wir bereits in Kapitel 1.3 geschrieben haben:

HIER GEHT'S UM EMPFEHLUNGSMARKETING!

DIE EMPFEHLUNGSVEREINBARUNG

Hand aufs Herz

Neben einer guten Erzählstory und einem professionellen Auftreten als Experte muss auch eine klare Empfehlungsvereinbarung mit dem Kunden erfolgen. Denn aller guten Dinge sind 3. Doch was ist eine Empfehlungsvereinbarung? Es ist eine Art Versprechen, das Ihr Kunde Ihnen gibt.

Hierzu sollten Sie klare Spielregeln definieren: Fragen Sie schon am Anfang Ihrer Geschäftsbeziehung, ob Ihr Kunde bereit sei, Sie weiterzuempfehlen. Natürlich nur, wenn er auch wirklich zufrieden mit Ihnen ist. Lassen Sie sich auf das „Ja!" die Hand geben.

Irgendwann wird dieser Moment kommen. Erinnern Sie ihn an Ihre Empfehlungsvereinbarung. Jetzt kann er gar nicht anders, als sich an die Spielregeln zu halten und Sie weiterzuempfehlen. Denn Versprechen werden nicht gebrochen.

Die einzelnen Kapitel des Lead-Loop® greifen permanent ineinander. Deshalb erklären wir den genauen Ablauf dieser Vereinbarung in der dritten Phase, wenn es um das Beratungsgespräch geht.

Sie sehen, wir haben damals schon darauf hingewiesen, dass dieser besagte wichtige Moment kommen wird. Jetzt in der Fürsprecherphase haben Sie bewiesen, dass Sie die richtige Wahl für den Kunden waren. Jetzt darf er Ihnen beweisen, dass er Sie weiterbringt. Nach einem erfolgreichen Abschluss sagen Sie ab jetzt die folgenden Worte:

„Jetzt, wo wir so weit gekommen sind, wüsste ich gerne, wie haben Sie unsere Zusammenarbeit erlebt, wie zufrieden sind Sie?"

Natürlich wird ein zufriedener Kunde jetzt seine Zufriedenheit äußern. Und damit arbeiten Sie weiter, denn jetzt kommen die magischen Worte:

„Dann würde es mich freuen, wenn Sie mich weiterempfehlen (wie anfangs vereinbart). Überlegen Sie, wem Sie auch Nutzen stiften könnten. Wer wird Ihrer Empfehlung folgen?"

Zack, fertig. Diese Frage richten Sie bitte an Kunden, die Sie als zufrieden und happy einschätzen. Die Miesepeter brauchen wir gerade nicht.

TIPP: ÜBEN, ÜBEN, ÜBEN

Das dürfen Sie üben. Sehen Sie jeden Kunden, der zu Ihnen kommt, als eine neue Übungschance. Mit jedem Mal werden Sie besser und besser. Und irgendwann werden Sie merken, dass Ihnen die Worte ganz selbstverständlich über die Lippen kommen und Sie die entsprechenden Sätze mit Ihren eigenen Worten in Ihren ganz normalen Ablauf eingebunden haben.

BOOKING.COM – SO GEHT BELOHNUNG HEUTE

Booking.com hat in seinen normalen Ablauf der Kundenreise eine solche Empfehlungsvereinbarung ebenfalls eingebunden. Und das mit einem besonderen Twist. Denn kurz nachdem man über Booking.com eine Unterkunft gebucht hat, erhält man neben einer Bestätigungsmail auch noch eine weitere Mail. Und diese Mail lautet folgendermaßen:

„Hallo lieber Kunde!
Möchten Sie eine hübsche Geldprämie für sich und Ihre Freunde verdienen? Wenn die Antwort ja ist, teilen Sie einfach diesen Link mit Ihren Freunden.
Alles, was Ihre Freunde tun müssen, ist, über den Link zu buchen und in der gebuchten Unterkunft zu übernachten. Dann erhalten Ihre Freunde nach ihrer Abreise 10 % zurück und Sie bekommen dafür, dass Sie uns empfohlen haben, auch 20 Euro."

Interessant ist, dass vor einem Jahr diese Empfehlungsgenerierungs-Mail textlich genauso aussah, aber jeweils 15 Euro für den Freund und 15 Euro für den Kunden als Belohnung vorsah. Um zu ergründen, warum Booking.com das geändert hat, sehen wir uns den sehr wichtigen Unterschied zwischen Rabatt und Gutschein an.

RABATT ODER GUTSCHEIN, DAS IST HIER DIE FRAGE

Ein Rabatt bedeutet, dass der Kunde schon gekauft hat und auf seinen aktuellen Kauf z. B. 10 % Rabatt bekommt. Übrigens bei Booking.com geschickterweise erst nach der Abreise, also wenn die Leistung wirklich erfolgt ist.

Es ist sehr clever von Booking.com, die Erstkunden mit einem Rabatt von 10 % zu locken, denn 10 % machen sich bei größeren Summen erst wirklich bemerkbar und lohnen sich, je mehr der Kunde ausgibt. Bei einem Betrag von 50 Euro sind 10 % nur 5 Euro. Aber bei einem Betrag von 500 Euro sind 10 % schon 50 Euro. Je mehr der Neukunde also ausgibt, desto mehr Geld spart er – sehr clever!

Der Bestandskunde, der als Fürsprecher und Empfehlungsgeber auftritt, erhält dagegen einen Gutschein von 20 Euro. Nicht mehr und nicht weniger, egal welche Unterkunft er bucht.

GUT, BESSER, GUTSCHEINE

Gutscheine sind extrem praktisch für Ihr Unternehmen. Wie im Kapitel zur Reziprozität schon besprochen, fällt es positiv auf Sie zurück, wenn Sie Dinge verschenken.

3 klare Vorteile von Gutscheinen:

1. **Mit einem Gutschein steigern Sie die Vorfreude des Kunden.**
2. **Mit einem Gutschein locken Sie den Kunden zu einem neuen Kauf.**
3. **Sie haben nur dann Geld investiert, wenn der Kunde auch kauft.**

Diese Methode kennen Sie aus Ihrem privaten Umfeld. Wir nutzen alle oft Gutscheine, wenn wir keine Geschenkidee haben. Wir verschenken sogar einen selbstgemalten Gutschein, den der Beschenkte eh nicht einlösen wird. Es wäre mal interessant zu wissen, wie viel Geld in Form von Gutscheinen in deutschen Haushalten schlummert.

Booking.com macht hier also vieles richtig. Werden auch Sie dank dieser Methode des Weiterempfehlens mit Belohnung immer bekannter und steigern Sie damit Ihre Neukundenzahlen und Ihren Umsatz.

EINE PERLE DER EMPFEHLUNGSKULTUR

Pearl ist ein Technik-Shop, der seine Produkte hauptsächlich via Internet verkauft. Pearl hat einen ganz raffinierten Weg gefunden, an neue Bewertungen und Empfehlungen zu kommen. Und weil sich in dieser Methode so vieles wiederfindet, was wir bereits im Lead-Loop® besprochen haben, nun nochmal diese geniale Strategie.

Was macht Pearl und wie können Sie das für sich nutzen? Pearl schickt seinen Kunden alle ein bis zwei Monate eine E-Mail mit Produktvorstellungen. Diese Produkte erhält der Kunde deutlich günstiger als im Prospekt vorgesehen. Warum? Weil er mit dem Kauf der Produkte zustimmt, eine Bewertung über dieses Produkt bei z. B. Amazon oder der Pearl-Website zu hinterlassen. Als Dankeschön bekommt er die Ware mit deutlichem Rabatt. Manchmal sogar ganz umsonst, wenn es sich um kleinere Dinge wie z. B. eine Taschenlampe oder Ähnliches handelt.

Warum macht Pearl das? Dazu muss man wissen, dass eine positive Bewertung im Online-Bereich einer passiven Empfehlung gleichkommt. Potenzielle Kunden richten sich danach, was Kunden vor ihnen geschrieben haben. Der Will-ich-auch-haben-Effekt schlägt zu.

Mit diesem Produkttesterprogramm, das sich an Fürsprecher richtet und auf Online-Marktportalen seine Wirkung erzielt, schlägt Pearl gleich mehrere Fliegen mit einer Klappe. Und das gelingt Ihnen auch:

TIPP:

Steigern auch Sie Ihre Verkaufszahlen, indem Sie Ihre Bewertungen steigern. Dadurch erhöhen Sie gleichzeitig die Anzahl Ihrer Fürsprecher. Das hat zur Folge, dass wiederum mehr Menschen diese zumeist positiven Bewertungen lesen können und diese dann zu Neukunden werden. Diese bekommen dann im weiteren Verlauf wiederum eine der oben beschriebenen E-Mails und so weiter. Der Kreislauf ist endlos.

Auf dieses Phänomen gehen wir im folgenden Tipp noch einmal näher ein, es ist eine der wichtigsten Botschaften des Lead-Loop®:

HIER GEHT'S UM EMPFEHLUNGSMARKETING!

FINAL-TIPP

Setzen Sie einen Empfehlungskreislauf in Gang. Bringen Sie das Thema Bewertungen ganz gezielt in der Kundenreise ein. Verbinden Sie persönliche Empfehlungen und Online-Empfehlungen, indem der Kunde z. B. eine E-Mail mit der Bitte um Weiterempfehlung von Ihnen erhält. Um es Ihrem Kunden so einfach wie möglich zu machen, binden Sie in diese E-Mail einen schon vorgefertigten Text ein. Diesen kann er gerne anpassen und sehr einfach an geeignete Freunde und Bekannte schicken.

Die E-Mail, die ihr Kunde verschickt, ist personalisiert. Das ist ein ganz wichtiger Vorteil. Denn, wenn die E-Mail von einem Freund oder Bekannten versendet wird, wird man sie gewiss öffnen. In der E-Mail ist dann ein Link zu Ihrer Website enthalten. So kann der potenzielle Neukunde Sie unkompliziert kontaktieren. Und so beginnt eine neue Recherchephase für einen neuen Kunden.

Das Geniale ist, dass empfohlene Neukunden sich später wieder zu Empfehlern entwickeln und Sie so permanente Neukundengewinnung erreichen. **So wird der Kreislauf des Lead-Loop® quasi zu einer vollautomatischen Erfolgsspirale. Strike!**

Diese Vorgehensweise umzusetzen erfordert möglicherweise Veränderungen in Ihrem Unternehmen. Haben Sie Mut dazu. Haben Sie keine Angst, Entscheidungen zu treffen und neue Wege zu beschreiten. Es lohnt sich.

EIN LETZTES SINNBILD

Es ist wie mit der Geschichte von dem Mann, der von zuhause auszieht, um endlich das Meer sehen zu können. Auf seinem Weg begegnet er einigen Gefahren und meistert sie. Dann aber kommt er an eine Kreuzung, und der Weg teilt sich in einen Weg links, einen Weg rechts und einen Weg geradeaus. Der Mann kann sich nicht entscheiden und schlägt erstmal sein Lager direkt an der Wegkreuzung auf. Am nächsten Tag nimmt er den rechts abbiegenden Weg und landet in einem freundlichen kleinen Dorf. Dort wird er sesshaft und nimmt eine Arbeit an. Erst nach einiger Zeit erinnert er sich wieder an seinen Plan, das Meer zu sehen.

Daraufhin geht er zu seiner altbekannten Kreuzung zurück und nimmt dieses Mal den links abbiegenden Weg. In ihm die Hoffnung, so zum Meer zu kommen. Nun landet er aber in einer Stadt, die ihm gefällt und noch mehr Möglichkeiten bietet als das Dorf. Er bleibt dort wohnen und erst nach vielen Jahren kommt ihm wieder das Meer und sein großer Lebenstraum, am Meer zu stehen, in den Kopf. Er nimmt seinen Mut zusammen, geht zur Kreuzung zurück und wählt jetzt den Weg geradeaus. Geradeaus auf einen großen Berg zu.

Doch mittlerweile hat er nicht mehr den Schwung der Jugend. Er tut sich schwer mit dem Klettern. Kurz vor Ende seines Lebens erreicht er den Gipfel des Berges und ihm stockt der Atem. Denn von dort oben sieht er etwas, das er nie für möglich gehalten hätte: Hinter dem Berg vereinen sich alle drei Wege zu einem einzigen Weg. Und dieser Weg führt direkt zum Meer. Er hätte also nur weitergehen müssen. Einfach auf einem der Wege bleiben müssen. Nicht zurückgehen und nicht zögern. Dann wäre er zum Meer gekommen. Eines erkennt er erst jetzt: Er wird es in diesem Leben nicht mehr zum Meer schaffen, denn er ist zu alt und schwach. Und das Letzte, was seine tränenden Augen sehen, ist das Funkeln des Meeres in der Ferne …
Wir wünschen Ihnen, dass Ihre Wege zu guten Zielen führen. Bleiben Sie nicht stehen. Gehen Sie stets weiter.

3 LETZTE TIPPS FÜR IHREN KONTINUIERLICHEN ERFOLG

1

Nutzen Sie die Grafik des Lead-Loop®

Haben Sie die Grafik des Lead-Loop® immer griffbereit. Nutzen Sie hierzu die Seite 12 des Buches oder machen Sie sich sogar ein Fotos dieser Grafik. Es hilft Ihnen kurz nachzuschauen, wenn Sie die einzelnen Phasen noch einmal schnell sortieren wollen.

2

Nutzen Sie Ihre Notizen

Erinnern Sie sich: Ganz zu Beginn, quasi noch vor Phase 1, haben wir Ihnen ans Herz gelegt, immer wieder Notizen zu erstellen, wenn Sie eine Idee haben, wie Sie einen unserer Tipps in die Tat umsetzen können. Gehen Sie Ihre Notizen immer wieder durch. Höchstwahrscheinlich liegt extrem viel Potenzial in Ihnen. Und führen Sie Ihre Notizen ruhig weiter. Auch in der Zukunft werden Sie viele inspirierende Ideen haben.

3

Nutzen Sie die Kapitel

Last but not least: Lesen Sie sich ruhig immer wieder einzelne Kapitel durch. Zum heutigen Zeitpunkt haben Sie wahrscheinlich alle Tipps und Tricks verstanden. Aber nur durch stetiges Auseinandersetzen mit den entsprechenden Inhalten vertiefen und verinnerlichen Sie die wertvollen Inhalte für sich.

FAZIT

Sie haben durch dieses wissenswerte Buch zahlreiche erfolgversprechende Tipps und Tricks gelernt, die Ihnen helfen, permanent Neukunden zu gewinnen. Und genau in dem Wort „permanent" liegt die ganze Genialität. Machen Sie sich bitte die folgenden zwei Dinge immer wieder bewusst:

1

Die weit verbreiteten Theorien vom Sales Funnel (zu Deutsch: Verkaufstrichter), also die lineare Kundenkaufreise, ist vollkommen überholt.

2

Nur durch die neue zirkuläre Kundenkaufreise (also dem Lead-Loop®) wird man dem modernen Kaufverhalten gerecht. Nur durch diese neue Methode lassen Sie neu gewonnene Kunden nach dem Kauf nicht einfach brachliegen, sondern binden sie mit ein. Nur so erlangt Ihr Geschäft eine positive Eigendynamik. Nur so werden Kunden zu Wiederkäufern. Nur so sorgen Bestandskunden selbstständig für Neukunden.

Senden Sie uns gerne Ihr Feedback zu diesem Buch. Denken Sie in der analogen und der digitalen Welt an uns und empfehlen Sie uns online und offline Ihren Freunden und Bekannten.

Wir freuen uns, wenn Sie uns Ihre Erfolgsgeschichten per E-Mail an folgende Adresse senden:
service@roger-rankel.de

LOS GEHT'S!

Und zwar gleich!
Denn nach dem Buch ist vor der Umsetzung.

DIE VORTRÄGE

Sichern Sie sich mit Roger Rankel ein Highlight auf Ihrer Veranstaltung. Ob Kick-off, Kongress, Roadshow, Messe, Produktpräsentation oder Vertriebstagung.

Als Begründer des modernen Verkaufens zeigt Rankel eine besondere Auswahl an bewährten Kniffs und wirksamen Tipps. Wie kein Zweiter nimmt er dabei seine Zuhörer in die Pflicht – fordert zum Umdenken und Bessermachen auf. Roger Rankel ist somit der perfekte Vortragsredner auf Ihrer Veranstaltung.

„Ihr Vortrag war das absolute Highlight unserer Veranstaltung. Sie haben alle Erwartungen übertroffen!"

Jens Geiger, Manager Microsoft Deutschland

SIE WOLLEN
ROGER RANKEL
LIVE ERLEBEN?
GERN.

DIE BERATUNG

Sie wollen vertrieblich an den richtigen Schrauben drehen? Suchen Ihre „Sauberkeitsgarantie“, einen umsatzfördernden Trojaner, eine Lösung 2. Ordnung oder wollen für Ihre Kunden „Das Problem daneben“ lösen?

Dann buchen Sie für eine vertrauensvolle Beratung Roger Rankel.

Durch seine Empathie und durch sein profundes Wissen kann er sich voll und ganz auf Sie und die Interessen Ihrer Firma einlassen und Ihnen nachhaltige sowie gewinnbringende Ideen liefern. Rankels Impulse sind hochwirksam und maximal profitabel.

Schon 500 kleinere Vertriebe, Mittelständler und auch große Konzerne arbeiten erfolgreich nach seiner mehrfach ausgezeichneten Methode der Kundengewinnung & Umsatzsteigerung.

Egal, ob einmalige Beratung oder langfristige Zusammenarbeit: Dort, wo Roger Rankel „anpackt“ und sich in Problemstellungen „hineinarbeitet“, sind Neukundengewinnung und ein Umsatzplus garantiert.

„Danke für Ihre wertvollen Ideen. Die Beratung mit Ihnen war eine echte Bereicherung für uns.“

Mirko Siepmann, Vorstand Bankhaus August Lenz

Jetzt Beratung anfragen:

service@roger-rankel.de · Telefon: 030 28 66 28 54 · www.roger-rankel.de

VERTRAUENSSCHUTZ GARANTIERT!

Bitte geben Sie uns bei Ihrer Kontaktaufnahme ein Zeichen, wenn Sie Roger Rankel für eine vertriebliche Beratung vertrauensvoll buchen möchten. Wir sichern Ihnen selbstverständlich absolutes Stillschweigen zu und führen Sie nicht in unserer Referenzliste auf.

DIE VIDEO-POWER-SCHULUNG

© WEIMAR WEIMAR

Jetzt anmelden und Umsatz verdoppeln

„Eine Stunde pro Woche und diese Video-Power-Schulung. Mehr braucht man wirklich nicht, um den Umsatz zu verdoppeln!"

Oliver von Schwerin – Spitzen-Verkäufer, der seinen Umsatz nochmal verdoppeln konnte.

„Kunden kaufen heute anders. Mit dieser Videoschulung weiß man wie."

Martin Sebald – Top-Vermögensberater, der jetzt noch besser ist.

MIT DEN WEBSITE-HELDEN ZU MEHR UMSATZ!

Mehr Besucher

Durch eine bessere Platzierung in den Suchergebnissen von Google & Co bekommen Sie mehr Besucher auf Ihre Website.

Mehr Anfragen

Durch die Optimierung Ihrer Website und der unwiderstehlichen Inszenierung Ihrer Leistungen bekommen Sie mehr Anfragen und Termine.

Mehr Abschlüsse

Durch den perfekten Webauftritt bestehen Sie den Vorverkauf und sichern sich viele Abschlüsse, neue Kunden und mehr Umsatz.

Jetzt anfragen:

service@website-helden.de · www.website-helden.de

DIE FULLSERVICE-AGENTUR **Seite 365**

DAS GLOSSAR

In diesem Glossar erklären wir Fachbegriffe zum besseren Verständnis. Die Begriffe sind alphabetisch geordnet.

Advocat

Der Begriff Advocat ist eine Bezeichnung für einen Rechtsanwalt, die bildungs- oder aber umgangssprachlich oder mit abschätziger Bedeutung verwendet wird.

After-Sales-Management

Der Begriff bezeichnet Maßnahmen, die von Herstellern und Dienstleistern ergriffen werden, um nach einem Geschäftsabschluss den Kunden an das eigene Produkt/Dienstleistung zu binden.

Angstszenario

Dieser Begriff beschreibt das Hervorrufen eines angsteinflößenden Bildes im Kopf.

Antriggern

Das Wort „trigger" kommt aus dem Englischen und heißt so viel wie auslösen/Auslöser/aktivieren. Das sogenannte „Antriggern der Kunden" beschreibt das „Aktivieren der Kunden".

App

Der Begriff App stammt aus dem Englischen und leitet sich von dem Wort Application ab. Application heißt so viel wie Anwendung. Eine App beschreibt alle Arten von Andwendungssoftware.

Begehrlichkeit

Der Begriff Begehrlichkeit kommt von Begehren und bedeutet Gier und Wunsch.Wer etwas unbedingt haben will, der hat Begehrlichkeit.

Berührungspunkt

Der Begriff „Berührungspunkt" ist aus dem Englischen abgeleitet und heißt „touchpoint". In der Kundenreise durchläuft ein Käufer verschiedene Punkte, bis er ein Produkt kauft. Angefangen vom ersten Berührungspunkt (z. B. einer Werbung) über Internetrecherchen bis hin zum finalen Kaufabschluss. In der Regel hat eine Kundenreise eine Vielzahl an Berührungspunkten.

Beta-Software

Eine Beta-Software ist die erste Software eines Computerprogramms, die vom Hersteller zu Testzwecken veröffentlicht wird.

Books on Demand

Books on Demand heißt auf Deutsch „Abrufbuch oder auch Buch auf Bestellung".

Boykottieren

Der Begriff „boykottieren" beschreibt das Verb „ablehnen".

Briefing

Das Briefing umschreibt das Weitergeben von Informationen an Personen (z. B. Mitarbeiter), die eine bestimmte Aufgabe ausführen sollen.

Call-to-action

Sie können Ihren Kunden zur Aktion auffordern, indem Sie bestimmte Buttons wie z. B.: „Jetzt kaufen" auf Ihrer Website einbauen und vielleicht sogar fixieren.

Coaching

Der Begriff Coaching ist ein Sammelbegriff, der für unterschiedliche Beratungsmethoden wie z. B. Einzel-, Team- und Projektcoaching, verwendet wird. Das Besondere beim Coaching ist, dass der Coach keine Lösungen vorgibt, sondern die Entwicklung Ihrer EIGENEN Lösungen begleitet.

Content-Marketing

Content-Marketing ist eine Online-Marketing-Technik, die mit informierenden, beratenden und unterhaltenden Inhalten die Zielgruppe ansprechen und Vertrauen wecken soll. Beispiel: die Dr. Oetker Strategie: Das Dr. Oetker Unternehmen verkauft Backzutaten, glänzt mit Rezepten auf jeder Verpackung und verkauft sogar Kochbücher – natürlich braucht die Hausfrau beim Nachbacken die Dr. Oetker Zutaten.

Conversion Rate

Die Conversion Rate ist die Anzahl der User, die vom Zuschauer zum Newsletter-Kunden werden.

Credo

Kurz und knapp beschreibt Credo, dass jemand fest an etwas glaubt.

Cross-Selling

Dieser Begriff stammt aus dem Englischen und heißt so viel wie Quer- oder Kreuzverkauf.
Beispiel: Einem Kunden werden zu den bereits erworbenen Gütern weitere angeboten.

Cross-Selling-Mail

Dieser Begriff stammt aus dem Englischen und heißt so viel wie Quer- oder Kreuzverkauf.
Beispiel: Einem Kunden werden zu den bereits erworbenen Gütern weitere angeboten.

Customer Experience

Der Begriff „customer experience" ist englisch und bedeutet „Kundenerfahrung". Die Kundenerfahrung umfasst sämtliche Erfahrungen, Erlebnisse und Informationen, die ein Kunde mit der Marke, dem Unternehmen, seinen Repräsentanten, seiner Kommunikation und seinen Angeboten gesammelt hat.

Customer Journey

Customer Journey ist englisch und heißt so viel wie „Kundenreise". Die Kundenreise ist quasi die Reise, die ein Käufer durchläuft, bis er ein Produkt kauft. Angefangen vom ersten Berührungspunkt (z. B. einer Werbung) über Internetrecherchen bis hin zum finalen Kaufabschluss. In der Regel hat eine Kundenreise eine Vielzahl an Berührungspunkten.

Digital

Der Begriff „digital" kommt aus dem Englischen und wird in Deutschland 1:1 übernommen. Digital heißt so viel wie elektronische Medien, die mit digitalen Codes arbeiten. Dieser Begriff wird auch als Synonym für die „Neuen Medien" verwendet.

Digitalisierung

Die Digitalisierung umschreibt die Erstellung digitaler Repräsentationen z. B. von Schriftstücken o. Ä. Heutzutage werden alle Geschäftsprozesse digitalisiert, zum Beispiel: das Scannen / Mails usw. auf der Festplatte übersichtlich geordnet abgelegt.

Domäne

Ein Wirkungsgebiet/Spezialgebiet, auf dem jemand besondere Fähigkeiten hat.

Dossier

Unter einem Dossier versteht man eine Sammlung verschiedener Artikel/Dokumente zu einem bestimmten Thema.

Eliminieren

Der Begriff bedeutet „beseitigen". Z. B.: So können Sie Störfaktoren eliminieren/beseitigen.

Emotion

Emotionen bei Ihren Kunden auslösen: Affekt, Gefühl, „schöne" Erinnerungen, Empathie, „Du sprichst mir aus der Seele!"

Emotionalisierung

Der Begriff bedeutet so viel wie Gefühlsbewegungen, Emotionen auslösen/hervorrufen.

Empfehlungsmarketing

Das Empfehlungsmarketing (oder auch die Mundpropaganda) ist eine Methode, Neukunden zu gewinnen. Sie empfehlen Sie weiter, geben Online-Bewertungen und Referenzen u. v. m. ab.

Engagement

Der Begriff stammt aus dem Französischen und heißt so viel wie Verpflichtung, Anstrengung, Einsatz usw.

Erzählstory

Die Erzählstory ist eine Geschichten-Kreation, die Ihr Kunde über Sie erzählt.

FAQ

Die Abkürzung FAQ steht für häufig gestellte Fragen. Meist sind die sogenannten FAQs separat auf der Homepage zu finden und dienen dem Interessenten zur Problemlösung.

Farming Card

Der Begriff kommt aus dem Englischen und bezieht sich auf das geographische Zuweisen einer Zielgruppe.
Beispiel: Flyer per Post an alle Kunden aus EINER bestimmten Region senden.

Feedback

„Ich gebe dir ein kurzes Feedback" – heißt so viel wie „jemandem eine Rückmeldung geben".

First Mover

Er bringt Ihr Geschäft ins Rollen mit Aussagen wie: „Was, das hat noch keiner? Das muss ich haben!" Er möchte immer der Erste sein. Ein First Mover kauft Neuerungen gerne als Schnellster.

Flyer

Der Begriff Flyer kommt aus dem Englischen und bedeutet Flugblatt. Diese Flugblätter werden zahlreich in unsere Briefkästen geworfen (bzw. heutzutage verteilt). Um den Flyer vom sogenannten Folder (engl. für Faltblatt) unterscheiden zu können, sprechen wir vom Lead-Loop® immer dann von einem Flyer, wenn dieser lediglich eine Vorder- und Rückseite hat. Sobald das Blatt gefaltet wird, nennen wir es Folder.

Folder

Der Begriff Folder ist englisch und heißt „Faltblatt/Heft". Diese Faltblätter werden zahlreich in der Menschenmenge verteilt. Um den Folder vom sogenannten Flyer (engl. für Flugblatt) zu unterscheiden, sprechen wir vom Lead-Loop® immer dann von einem Folder, wenn dieser gefaltet ist.

Fürsprecher

Ein Fürsprecher setzt sich für Sie ein. Er ist von Ihnen und Ihrer Leistung überzeugt und vertritt seine Meinung auch bei anderen. Er tut seine Meinung kund und steht auch in schwierigen Zeiten zu Ihnen. Auf ihn können Sie sich verlassen.

Gimmick

Ein Gimmick ist eine lustige oder attraktive Zugabe, manchmal auch ein Werbegeschenk (in diesem Fall auch: Give-away) von geringem materiellen Wert.

Give-away

Ein Give-away ist ein Werbeartikel oder Werbegeschenk (auch Gimmick genannt), das oftmals Werbung einer Firma enthält. Beispielsweise werden Kugelschreiber, Schlüsselanhänger usw. gerne mit Firmengravuren auf Messen verteilt.

Goodie

Ein Goodie ist eine lustige oder attraktive Zugabe, manchmal auch ein Werbegeschenk von geringem materiellen Wert. „Eine kleine Aufmerksamkeit".

Google AdWords

Google AdWords ist ein Werbeprogramm von Google. Werbung in den Werbenetzwerken von Google sollen automatisch passen und zum Inhalt der anzeigenden Internetseite eigeblendet werden.

Google Analytics

Google Analytics ist ein kostenloser Webanalysedienst, der Statistiken und grundlegende Analysewerkzeuge bietet.

Haute Couture

Haute Couture kommt aus dem Französischen und bedeutet so viel wie die aus luxuriösen Materialien in Handarbeit individuell maßgeschneiderten Modekreationen renommierter Modehäuser im obersten Preissegment.

Headline

Der Begriff Headline bedeutet so viel wie Überschrift einer Anzeige. Wichtig dabei ist es, dass diese Headline die wesentlichen Informationen enthalten soll.

Homepage

Bedeutet so viel wie Startseite. Das ist die Seite im Internet, die Sie aufrufen, wenn Sie die Adresse eines Anbieters anwählen.

Inflation

Die Inflation bezeichnet eine allgemeine und anhaltende Erhöhung des Preisniveaus von Gütern und Dienstleistungen. Es ist so viel Geld vorhanden, dass es fast wertlos wird.

Influencer

Der Begriff stammt aus dem Englischen und heißt so viel wie „der Beeinflussende". Beispiel: Nehmen wir einen Promi, der für eine Marke Werbung in den sozialen Netzwerken macht – der Promi ist der „Influencer".

Infotainment

Dieser Begriff ist ein Kurzwort aus „Information" und „Entertainment". Er beschreibt die Vermittlung von Nachrichten und Bildungsinhalten durch aufgelockerte, unterhaltsame Präsentation.

Inkompetenz

Der Begriff Inkompetenz bedeutet so viel wie mangelnde Fähigkeiten und Kenntnisse oder Befugnisse (fehlende Kompetenz), die z. B. ein Angestellter/Chef usw. hat.

Interaktives Newsletter-Marketing

Es heißt so viel, wie „die Markenbeziehung der Kunden zu festigen" und Kreativität zu fördern. Zum Beispiel: Eine Kundin, die Mama ist, erhielt den Newsletter mit tollen Schminktipps einer YouTuberin und da Herbst ist, sind ebenfalls Drachenbau-Anleitungen für die Kinder enthalten. „Ein Foto Wettbewerb" mit dem schönsten DIY Drachen.

Kampagne

Eine Kampagne ist eine zeitlich, im Umfang begrenzte Werbeaktion für Produkte oder Dienstleistungen und spricht eine konkrete Zielgruppe an.

Kano-Modell

Das Kano-Modell ist ein Modell, in dem man den Kunden beeindruckt. Also hier entsteht die Begeisterung des Kunden erst da, wo der Kunde mehr bekommt als erwartet.

Klassische Werbung

In der klassischen Werbung werden Medien wie Fernsehen, Radio, Zeitung, das Direktmarketing, die Außenwerbung, Werbeartikel u. v. m. genutzt. Kurz: Alles, was nicht im Internet oder digital ist, ist klassische Werbung. Hier haben Sie die Möglichkeit, Ihre Geschäftsidee einem größeren Publikum vorzustellen und den Verkauf zu steigern.

Kognitiv

Der Begriff kognitiv stammt aus der Psychologie und bezeichnet solche Funktionen des Menschen, die mit Wahrnehmung, Lernen, Erinnern und Denken, also der menschlichen Erkenntnis- und Informationsverarbeitung, in Zusammenhang stehen.

Kollaboration

Der Begriff Kollaboration bedeutet die Mitarbeit bzw. Zusammenarbeit zwischen Personen oder Gruppen von Personen.

Kompetenzcheck

Nach dem Match-Code und dem geschenkten Vertrauen vom Kunden will der Kunde jetzt kompetent beraten werden – er checkt Ihre Kompetenz sowohl bewusst als auch unbewusst. Hier gilt es nun, den Kunden von Ihrem Können zu überzeugen.

Konfigurator

Mit Hilfe eines Konfigurators können Ihre Kunden sich ihre eigenen Produkte erstellen, sofort anschauen und natürlich bestellen. Der Konfigurator bietet Individualität in jeder Hinsicht. Damit erreichen Sie neue Zielgruppen und Weiterempfehlungen.

Kosten-Nutzen-Faktor

Der Faktor erschließt sich daraus, welche Kosten welchen Nutzen erzielten.

Kundenerfahrung

Der Begriff „Kundenerfahrung" heißt im Englischen „customer experience". Die Kundenerfahrung umfasst sämtliche Erfahrungen, Erlebnisse und Informationen, die ein Kunde mit der Marke, dem Unternehmen, seinen Repräsentanten, seiner Kommunikation und seinen Angeboten gesammelt hat.

Kundenreise

Kundenreise ist aus dem Englischen abgeleitet und heißt „Customer Journey". Die Kundenreise ist quasi die Reise, die ein Käufer durchläuft, bis er ein Produkt kauft. Angefangen vom ersten Berührungspunkt (z. B. einer Werbung) über Internetrecherchen bis hin zum finalen Kaufabschluss. In der Regel hat eine Kundenreise eine Vielzahl an Berührungspunkten.

Landing Page

Eine Landing Page ist eine Website, auf die ein potenzieller Kunde über eine Suchmaschine oder eine Werbeanzeige geleitet wird.

Lead

Der Begriff Lead kommt aus dem Englischen und bedeutet „führen". In der Werbewelt bedeutet Lead quasi so viel, wie „einen Kontakt führen". Sprich: Ein potenzieller Kundenkontakt wird so geführt, dass er zu einem richtigen Käufer wird.

Loop

Der sogenannte Loop beschreibt hier die klassische Unendlichkeits-„SCHLEIFE", die man gedanklich sehr gut zu einem Kreis formen kann. Es geht um die kontinuierliche, ununterbrochene Kundengewinnung „ein ewiger Kreis".

Loyalität

Der Begriff bedeutet, kurz erklärt, so viel wie die Werte des anderen zu teilen und zu vertreten.

Makro-Influencer

Influencer sind einflussreiche Personen, wie Promis, die Ihren Umsatz, Bekanntheitsgrad u. v. m. steigern können, indem Sie Ihre Produkte tragen/empfehlen usw. Makro-Influencer sind Personen in den sozialen Medien, denen Hunderttausende folgen. Hier steht die Verkaufsmasse im Vordergrund.

Marketing

Der Begriff Marketing kommt aus dem Englischen und heißt „Vermarktung". Um Ihre Produkte und/oder Dienstleistungen besser vermarkten zu können, sollten Sie die Bedürfnisse Ihrer Kunden verstehen, um auf diese besser eingehen zu können und um dann via Marketing zu handeln.

Match-Code

Der Match-Code ist der wichtigste und erste Sympathie-Punkt, den Sie beim persönlichen Gespräch mit Ihrem Kunden, durch Ihren Kunden bewusst oder unbewusst erhalten. Hier spielen die Körpersprache, Mimik und Gestik, verbale und paraverbale Kommunikation eine sehr große Rolle und daran entscheidet der Kunde, ob er Ihnen vertrauen kann und will. Danach folgt der Kompetenzcheck.

Mikro-Influencer

Influencer sind einflussreiche Personen, wie Promis, die Ihren Umsatz, Bekanntheitsgrad u. v. m. steigern können, indem Sie Ihre Produkte tragen/empfehlen usw. Mikro-Influencer sind Personen in den sozialen Medien, die „nur" Tausende Follower haben. Sie sind näher an den Fans dran.

Narrativ

Der Begriff Narrativ, als Substantiv, kommt aus dem Lateinischen und bedeutet so viel wie „kundtun" oder „erzählen". Eine Erzählung ist eine Form der Darstellung. Man versteht darunter die Wiedergabe eines Geschehens in mündlicher oder schriftlicher Form.

Negation

Der Begriff beschreibt eine Ablehnung.

Neukundengewinnung

Hier unternimmt ein Unternehmen sämtliche Maßnahmen, um neben den vorhandenen Bestandskunden neue Kunden zu gewinnen.

Neuromarketing

Das Neuromarketing ist ein relativ neuer Teilbereich des Marketings, der im 21. Jahrhundert entstand. Dieses neue Marketing untersucht im Gehirn des Konsumenten, welche Vorgänge vor und nach dem Kauf ablaufen. Diese Kenntnisse werden genutzt, um Verkaufsprozesse zu optimieren.

No-Reply-Adresse

Der Begriff kommt aus dem Englischen und bedeutet so viel wie „Keine-Antwort-Adresse". Bei der sogenannten Noreply E-Mail handelt es sich um eine automatisch generierte E-Mail. Der Begriff „Noreply" bedeutet, dass Sie auf diese Mail keinen Kontakt aufnehmen können.

Non-Konformität

Jemand entspricht nicht der Norm, zeigt, dass es auch anders geht, z. B. der Unternehmensberater zeigt sich tätowiert, so wie er eben ist. Ihre Kunden bekommen das, was sie sehen, so wie Sie sind. So kann der Kunde online entscheiden, ob Sie ihm zusagen oder eher nicht.

Nonverbal

Der Begriff Nonverbal beschreibt das Gegenteil des Verbalen. Nonverbal bedeutet, sich „ohne Sprache" zu äußern. Hier wird nur gestisch, mimisch usw. kommuniziert.

Offline

Ist man offline – beschreibt dies die Trennung zum Internet.

OGAS-Trichter

Der OGAS – Trichter ist eine Gesprächsstrategie und heißt so viel wie Offen, Geschlossen, Aufklärung und Aufforderung und Schluss.

Omni-Channel-Marketing

Diese drei Begriffe stammen aus dem Lateinischen und Englischen und bedeuten so viel wie: das perfekte Zusammenspiel aller Kampagnenkanäle (Radio, TV, Zeitung, Internet, Plakate, Printmedien usw.). Meistens werden dazu nur 3 Kanäle im Zusammenspiel genommen.

Online

Ist man online – heißt dies, dass man in direkter Verbindung mit dem Internet steht.

Online-Kompetenz

Achten Sie darauf, dass Sie eine benutzerfreundliche, übersichtliche und gut strukturierte Website haben. Der Kunde von heute checkt Ihre Kompetenz auch online.

Online-Marketing

Das Online-Marketing ist aus dem Englischen „Vermarktung im Internet". Das Vermarkten im Internet umschreibt alle Marketing-Maßnahmen, die mit Hilfe des Internets erfolgen können.

Pay per Click (PPC)

Bezahlen Sie pro Klick heißt, dass hier für den Werbenden nur dann Kosten entstehen, wenn sein Werbemittel angeklickt wurde.

Phänomen

Dieser Begriff umschreibt ein ungewöhnliches Vorkommnis. „Ein bemerkenswertes Phänomen".

Post

Der Begriff Post kommt aus dem Englischen und heißt „Mitteilung". Der Post ist eine Mitteilung, die in einem Forum, einem Blog oder sozialen Netzwerken im Internet veröffentlicht wird.

PR

Die Abkürzung PR kommt aus dem Englischen und wird „Public Relations" ausgesprochen. (Öffentlichkeitsarbeit.) PR bewirkt ein positives Unternehmensbild in der Öffentlichkeit. PR ist eine stetige Image-Pflege.

Probat

Der Begriff probat bedeutet so viel wie „bewährt, geeignet".

Promotion

Der Begriff „promotion" stammt aus dem Lateinischen. „Man promotet sein Unternehmen" – heißt so viel, wie „Man bewirbt sein Unternehmen", z. B. durch besondere Werbemaßnahmen, und trägt zur Förderung des Absatzes bei.

Publicity

Publicity kommt aus dem Englischen und heißt „Werbung".

Responsive Webdesign

Die Begriffe kommen aus dem Englischen und bedeuten so viel wie: Gestalten Sie Ihren Internetauftritt ansprechend.

Reziprozität

Der Begriff umschreibt die ungeschriebene Regel des Geben-und-Nehmens. Wenn Sie jemandem etwas schenken, erwarten Sie insgeheim, ebenfalls beschenkt zu werden. Hier geht es gezielt darum, das Gewissen Ihrer Kunden zu treffen.

Robo-Tool

Ein Robo-Tool ist ein Werkzeug im Internet, bestenfalls auf Ihrer Website, das für Sie die kompetente Beratung übernimmt. 24 Stunden – 7 Tage die Woche – 365 Tage im Jahr.

SEO

SEO ist eine Abkürzung und heißt Search Engine Optimization. Der Begriff bedeutet so viel wie Suchmaschinenoptimierung und bezeichnet Maßnahmen, die dazu dienen, dass Inhalte wie Webseiten in den unbezahlten Suchergebnissen auf höheren Plätzen erscheinen.

Slogan

Der Begriff „slogan" stammt aus dem Schottisch-Gälischen und soll einen Schlachtruf bezeichnen. Ein Slogan soll einprägsam und wirkungsvoll formuliert sein.

Social Media

Diese Begriffe stammen aus dem Englischen und bedeuten so viel wie „soziale Medien". In den sozialen Medien tauschen Internetnutzer Meinungen, Eindrücke, Erfahrungen oder Informationen aus und sammeln Wissen.

Social Proof

Social Proof kommt aus dem Englischen und bedeutet so viel wie soziale Bewährtheit, dass man sich in aller Munde breit machen soll, natürlich im positiven Sinne.

Startseite

Synonym für Homepage. Das ist die Seite im Internet, die Sie aufrufen, wenn Sie die Adresse eines Anbieters anwählen.

Storytelling

Der Begriff kommt aus dem Englischen und bedeutet Geschichtenerzählung. Spannende, beispielhafte reale Geschichten, die Werte vermitteln sollen, bleiben im Kopf und der Kunde erinnert sich immer wieder an Sie.

Subheadline

Die Subheadline ist eine kleine Überschrift unter der Headline. Die Headline kann also durch eine Subheadline ergänzt werden.

Suggerieren

Der Begriff suggerieren bedeutet so viel wie jemandem etwas geschickt einreden und ihn bewusst beeinflussen.

Symbiose

Kurz und knapp: „Die Chemie stimmt" – das perfekte Zusammenleben zweier Lebewesen verschiedener Arten zu deren Vorteil.

Tag

Dieser Begriff kommt aus dem Englischen und heißt so viel wie Etikett. Die Tags (engl. Schildchen/Etikett) werden beim Tagging verwendet, um Inhalte mit zusätzlichen Informationen zu versehen.

Tagging

Dieser Begriff kommt aus dem Englischen und heißt so viel wie Etikettieren. Beim Tagging werden Tags (engl. Schildchen/Etikett) verwendet, um Inhalte mit zusätzlichen Informationen zu versehen.

Testimonial

Der Begriff tritt im Zusammenhang mit dem Auftreten von bekannten Persönlichkeiten in den Medien zum Zweck der Werbung für ein Produkt auf. Kurz: Der Promi erzählt Ihren Kunden von Ihrem Produkt. Sie profitieren von seiner Prominenz.

Toolbox

Der Begriff Toolbox kommt aus dem Englischen und bedeutet so viel wie Werkzeugkasten/-box.

Touchpoint

Das Wort „touchpoint" ist aus dem Englischen und bedeutet „Berührungspunkt". In der Kundenreise durchläuft ein Käufer verschiedene Punkte, bis er ein Produkt kauft. Angefangen vom ersten Berührungspunkt (z. B. einer Werbung) über Internetrecherchen bis hin zum finalen Kaufabschluss. In der Regel hat eine Kundenreise eine Vielzahl an Berührungspunkten.

Tranche

Tranche kommt aus dem Französischen und heißt „Scheibe". Man kennt den Begriff auch aus der Gastronomie: „Tranchieren Sie den Fisch."

Transfer

Der Begriff kommt aus dem Englischen und bedeutet so viel wie „Übermittlung".

Trigger

Der Begriff trigger ist aus dem Englischen und heißt übersetzt „Auslöser/auslösen/aktivieren". Denn jede Kaufreise beginnt mit einem Auslöser.

Triggerpoint

Der Begriff triggerpoint kommt aus dem Englischen und bedeutet so viel wie „Auslöse-, Aktivierungspunkt". Wichtig dabei ist, dass es zwischen dem Auslösepunkt und dem Kunden knistern muss.

Tutorial

Mit sogenannten Erklärvideos können Sie sich als Experte/professioneller Ratgeber präsentieren. So können Sie

Vertrauen zu „Noch-nicht-Kunden" aufbauen, Neukundenakquise und Bestandskundenbindung verbinden.

Umsatzeinbuße

Der Begriff „Umsatzeinbuße oder Umsatzeinbruch" erklärt den Rückgang/Verlust beim Umsatz, z. B.: „Der Einzelhandel musste empfindliche Umsatzeinbußen hinnehmen."

Up-Selling

Up-Selling bezeichnet im Vertrieb das Bestreben eines Anbieters, dem Kunden statt einer günstigen Variante im nächsten Schritt ein höherwertiges Produkt oder eine Dienstleistung anzubieten.

User

Der User ist der (Internet-/Computer-) Nutzer.

User-Foto-Kampagne

Animieren Sie Ihre Kunden, natürlich mit Empathie, aktiv für eine Aktion oder auch Kampagne mitzuwirken. Als zusätzlichen Anreiz können Sie ein Gewinnspiel mit einbringen. „So erhöhen Sie Ihre Reichweite, bekommen mehr Follower und Likes!"

Verbal

Der Begriff Verbal beschreibt das Gegenteil des Nonverbalen. Verbal bedeutet, sich „nur sprachlich" zu äußern.

Verkaufspsychologie

Stellen Sie sich vor, Sie sind Psychologe und können anhand der Körpersprache Ihres Kunden erkennen, wie er sich fühlt, und gezielt auf ihn eingehen und somit „einfühlsam" den Verkauf steuern.

Virales Marketing

Die Begriffe stammen aus dem Deutschen und dem Englischen. Kurz und knapp bedeutet es die schnelle und weite Verbreitung durch Kontakte in allen sozialen Netzwerken wie: Radio, Internet, Mundpropaganda usw.

Website

Der englische Begriff Website setzt sich aus den Begriffen World Wide Web und Site zusammen. Website heißt so viel wie Standort und es handelt sich um die Gesamtheit aller HTML-Seiten.

Werbekampagne

Eine Werbekampagne ist eine zeitlich, im Umfang begrenzte Werbeaktion für Produkte oder Dienstleistungen und spricht eine konkrete Zielgruppe an.

Wissenslevel

Nachdem Sie den Kompetenzcheck bestanden haben, können Sie Ihren Kunden ebenfalls „checken". Finden Sie heraus, auf welchem Wissenslevel er ist, denn der Kunde von heute kommt „aufgeschlaut durch die Recherchephase" zu Ihnen. Stellen Sie ihm gezielte Fragen dazu.

Working backwards

Der Begriff kommt aus dem Englischen und bedeutet so viel wie „Übermittlung".

Trigger

Working backwards kommt aus dem Englischen und bedeutet „Rückwarts arbeiten". Bestes Beispiel ist Amazon. Noch bevor ALEXA ihr erstes Wort gesprochen hat, waren Pressemitteilung und FAQs schon geschrieben.

Zielgruppe

Sie wählen sich eine bestimmte Gruppe von Menschen mit ähnlichen Eigenschaften oder Bedürfnissen aus, die Sie mit Werbung erreichen möchten.

Wir verabschieden uns an dieser Stelle
mit dem wahrscheinlich wichtigsten Motto:

!UMSATZ KOMMT VON UMSETZEN

In diesem Sinne verabschieden wir uns
mit den besten Wünschen
für Ihre erfolgreiche Zukunft,

Ihr Roger Rankel,
Ihre Nicole-Maria Weimar,
Ihr André Weimar